职业院校工学结合特色教材

电气控制设备检修实训教程

主　编　吴　仝
副主编　刘自强
参　编　谢　刚
主　审　程　波

西南交通大学出版社
·成　都·

内容简介

本书是在中等职业教育教学改革深入进行的新形势下，依据教育部《中等职业学校电气技术应用专业教学标准》，采用工学结合、任务引领、工作过程为导向的“理论实践一体化”教学模式编写。

本书将教学内容分为8个工作任务群，共计23个任务。主要内容包括单向手动控制电路的安装、单向运行控制电路的安装、正反转控制电路的安装、电动机延时启动控制电路的安装、顺序启停控制电路的安装、绕线转子异步电动机控制电路的安装、三相异步电动机降压启动控制电路的安装、三相异步电动机制动控制电路的安装。

本书可作为中等职业院校电气技术应用、电气运行与控制等电气类专业的教材，也可作为维修电工及相关工种职业技能鉴定培训用书，还可供相关工程技术人员参考。

图书在版编目（CIP）数据

电气控制设备检修实训教程 / 吴仝主编. —成都：西南交通大学出版社，2020.2
职业院校工学结合特色教材
ISBN 978-7-5643-7371-9

Ⅰ. ①电… Ⅱ. ①吴… Ⅲ. ①电气控制装置－设备检修－职业教育－教材 Ⅳ. ①TM921.507

中国版本图书馆CIP数据核字（2020）第029222号

Dianqi Kongzhi Shebei Jianxiu Shixun Jiaocheng
电气控制设备检修实训教程
吴　仝　主编

责任编辑　张华敏
特邀编辑　陈正余　杨开春
封面设计　原谋书装

出版发行　西南交通大学出版社
（四川省成都市金牛区二环路北一段111号
西南交通大学创新大厦21楼）
邮政编码　610031
发行部电话　028-87600564　028-87600533
网址　http://www.xnjdcbs.com
印刷　四川煤田地质制图印刷厂

成品尺寸　185 mm × 260 mm
印张　8.75
字数　219千
版次　2020年2月第1版
印次　2020年2月第1次
定价　30.00元
书号　ISBN 978-7-5643-7371-9

课件咨询电话：028-81435775
图书如有印装质量问题　本社负责退换

前　言

随着中等职业教育教学改革的深入，现阶段已经进入职教改革的关键时期，“在做中学、在学中做”的职教理念得到了广大职业教育工作者的认可，各种“理实一体化”的职教模式应运而生，均取得了良好的教学效果。

本书是根据编者长期教学实践经验和目前教学改革的需要，结合电气控制设备检修课程实际，采用任务驱动、工作过程导向型的工学结合“理论实践一体化”教学模式编写的。

本书从电气控制设备安装和维修岗位的实际工作任务入手，分析每个工作任务的工作过程，以解决工作中的实际问题为出发点，将电气控制设备检修工作分解为单向手动控制电路的安装、单向运行控制电路的安装、正反转控制电路的安装、电动机延时启动控制电路的安装、顺序启停控制电路的安装、绕线转子异步电动机控制电路的安装、三相异步电动机降压启动控制电路的安装、三相异步电动机制动控制电路的安装 8 个工作任务群，每个工作任务群下有若干个实际工作任务，每个工作任务分为“知识学习”和“技能训练”两个部分，“知识学习”又包含“学习目标”和“知识要点”。

本书在编写过程中，充分考虑了学生的理解能力和接受能力，内容编写从简单的工作任务分析入手，由浅入深，循序渐进，简化理论知识，注重操作技能，以培养和提高学生在工作中解决实际问题的能力为主，激发学生自觉学习和主动学习的动力，力争达到让学习者将理论和实践相结合的目的。

本书由内江铁路机械学校吴仝主编，刘自强任副主编，谢刚参编。全书由四川铁道职业学院程波主审。具体编写分工为：吴仝编写工作任务群五、工作任务群六的“知识要求”部分和附录；刘自强编写工作任务群一、工作任务群二、工作任务群三、工作任务群四和工作任务群七，以及工作任务群五、工作任务群六的“技能要求”部分；谢刚编写工作任务群八。全书由吴仝统稿。内江铁路机械学校曹辉剑对本书的编写给予了大力支持和帮助，并提出了许多有益的建议和意见，在此表示衷心的感谢！

本书可作为职业院校电气技术应用、电气运行与控制等电气类专业的教材，也可作为维修电工及相关工种职业技能鉴定培训用书，还可供相关工程技术人员参考。

由于编者水平有限，书中错漏之处在所难免，恳请广大读者，特别是从事电气控制设备安装和检修的现场工作人员提出宝贵的意见和建议，以使本书能够不断完善并适应电气控制设备检修工作的发展需要。

编　者

2019 年 11 月

目　录

工作任务群一

单向手动控制电路的安装

对于容量较小的三相异步电动机，如三相电风扇、鼓风机、工厂中使用的小型台钻、切割机、机床的冷却泵电动机等设备，可以采用低压开关直接进行控制，不仅线路简单，还易于操作。

本工作任务群主要介绍低压开关的结构、作用、原理，电动机单向手动控制电路的工作原理以及安装，测试。

任务一　单向手动控制电路元器件的认知

知识学习

学习目标：

1. 掌握刀开关、组合开关、低压断路器、熔断器的电气符号、结构、原理及作用。
2. 能正确识读电动机铭牌。
3. 掌握电路图的识读方法。
4. 能用万用表对元器件进行检测。
5. 掌握电动机的接线及检测方法。

知识要点：

1. 低压开关主要用于隔离、转换及接通和分断电路，多数用作机床电路的电源开关和局部照明电路的控制开关，有时也可用来直接控制小容量电动机的启动、停止和正反转。

2. 低压开关一般作为手动切换电器，常用的主要类型有刀开关、组合开关和低压断路器。图 1-1 所示为几种常见手动控制电路的电器。

（a）拌尘离心通风机　（b）轴流通风机　（c）小型台钻　（d）切割机

图 1-1　手动控制电路的几种应用

3. 单向手动控制电路用来控制电动机实现单向运转，可以用刀开关、组合开关或低压断路器进行控制。

一、刀开关

刀开关的种类很多，在电力拖动控制电路中常用的是由刀开关和熔断器组合而成的负荷开关。负荷开关分为开启式负荷开关和封闭式负荷开关。

（一）开启式负荷开关

开启式负荷开关旧称瓷底胶盖刀开关，常用的为 HK 系列，适用于照明、电热设备及功率小于 5.5 kW 且操作不频繁的电动机控制电路中，实现手动不频繁地接通和分断电路，并起短路保护作用。

1. 开启式负荷开关的外形、结构和电气符号

开启式负荷开关的外形、结构和电气符号如图 1-2 所示。它由操作手柄、触刀、触头座和底板等组成。

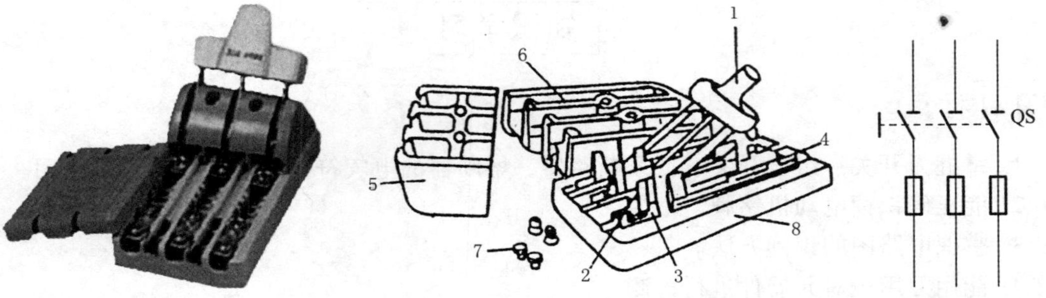

（a）外形（HK2 系列）（b）结构（c）电气符号

1—瓷质手柄；2—进线座；3—静夹座；4—出线座；5—上胶盖；6—下胶盖；7—胶盖固定螺母；8—瓷底座。

图 1-2 开启式负荷开关的外形、结构和电气符号

2. 开启式负荷开关的型号

开启式负荷开关的型号及其含义如下：

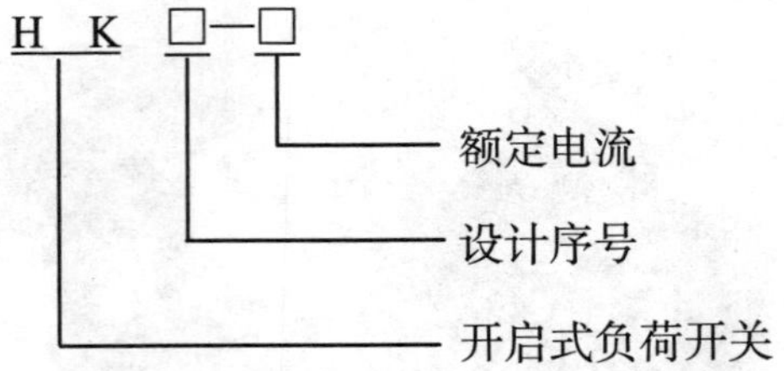

3. 开启式负荷开关的选择原则

（1）用于照明和电热负载时，选用额定电压为 220 V 或 250 V、额定电流不小于电路所有负载额定电流之和的两极开关。

（2）用于电动机负载时，其额定电流一般为电动机额定电流的 3 倍。

4. 开启式负荷开关的安装和使用

（1）开启式负荷开关应垂直安装，使闭合操作时的手柄从下向上为合闸；不允许采用平装或者倒装，以防止造成极间短路或手柄因重力作用自动下落而引起误合闸。

（2）开启式负荷开关的上接线端应接电源进线，负载接在下接线端。

（3）开启式负荷开关用作电动机的控制开关时，应将其熔体部分用导线直连，并在出线端装设单独的熔断器作为短路保护。

（4）安装后应检查闸刀和静触头的接触是否成直线或紧密。

（5）更换熔丝必须在开关断开的情况下进行，且应更换与原规格相同的熔丝。

（6）在分闸和合闸操作时应动作迅速，使电弧能尽快熄灭。

（二）封闭式负荷开关

封闭式负荷开关旧称铁壳开关，其灭弧性能、操作性能、通断能力和安全防护性能都优于开启式负荷开关。因其多为铸铁或用薄钢板冲压而成，故俗称铁壳开关。封闭式负荷开关一般用来控制功率为 10 kW 以下的电动机的不频繁直接启动。

1. 封闭式负荷开关的外形、结构和电气符号

封闭式负荷开关的外形、结构和电气符号如图 1-3 所示。

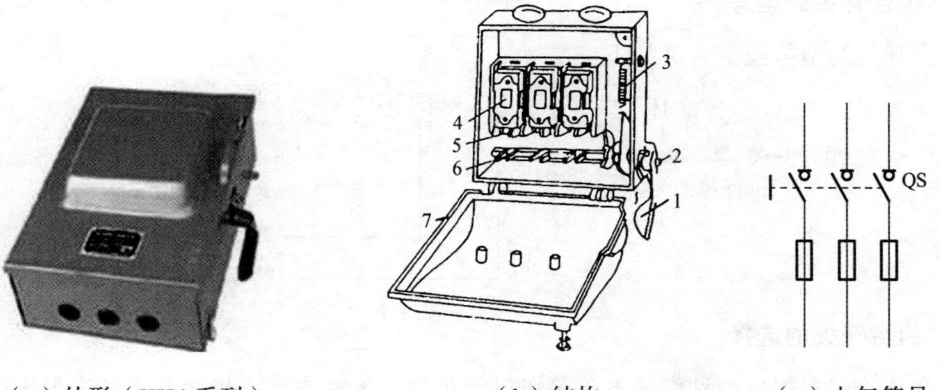

（a）外形（HH4 系列）　　（b）结构　　（c）电气符号

1—手柄；2—转轴；3—速断弹簧；4—熔断器；5—夹座；6—闸刀；7—外壳前盖。

图 1-3　封闭式负荷开关的外形、结构和电气符号

2. 封闭式负荷开关的使用

封闭式负荷开关使用时必须垂直安装，外壳应可靠接地。分合闸操作时，要站在开关的手柄侧，不准面对开关，以免因意外故障电流使开关爆炸，铁壳飞出伤人。

二、组合开关

组合开关又称转换开关，主要用在交流 380 V 以下及直流 220 V 以下的电气电路中，供手动不频繁地通断电路以及控制 5 kW 以下的小容量电动机。

1. 组合开关的外形、结构及电气符号

组合开关的外形、结构及电气符号如图 1-4 所示。

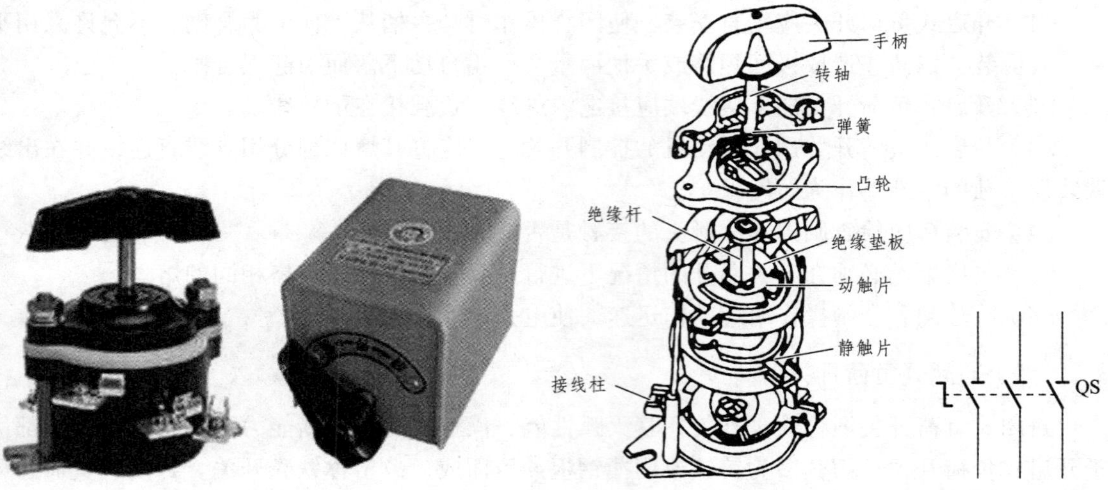

HZ10 系列　　H23 系列　　H210-10/3 型

（a）外形　　（b）结构　　（c）电气符号

图 1-4 组合开关的外形、结构和电气符号

2. 组合开关的型号

组合开关的型号及其含义如下：

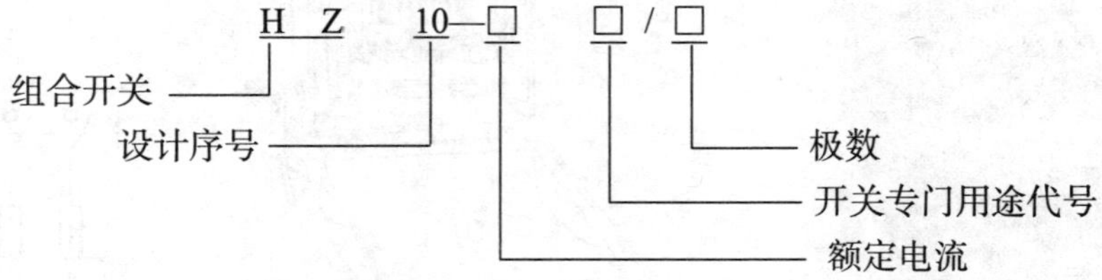

3. 组合开关的选择

组合开关应根据电源种类、电压等级以及负载所需触头数、接线方式和容量进行选择。用于照明或电热电路时,组合开关的额定电流应等于或大于被控制电路中各负载电流的总和；用于电动机控制电路时，组合开关的额定电流一般取电动机额定电流的 1.5 ~ 2.5 倍。

4. 组合开关的安装和使用

（1）HZ10 系列组合开关的接线端子暴露在外面，故只能安装在配电箱或者配电柜内，其操作手柄最好安装在控制箱的前面或侧面，在断开状态时应使手柄处于水平位置。HZ3 系列组合开关的外壳必须可靠接地。

（2）若需要在配电箱内操作，最好将组合开关装在配电箱的右上方，且其上方不要再安装其他电器，否则应采用隔离或绝缘措施。

（3）当操作频率过高或负载功率因数较低时，要降低容量使用，否则会影响组合开关的寿命。

（4）组合开关的分断能力低，不能用来通、断故障电流。

三、低压断路器

低压断路器旧称自动空气开关，是一种既有开关作用又能进行自动保护的低压电器，当发生短路、过载、电压过低（欠电压）等故障时它能自动切断电路。低压断路器主要用于不频繁接通和分断的电路及控制电动机的运行。不同型号的低压断路器其保护功能有所不同，如 D25 系列断路器用于短路、过载和欠电压保护，而 D7A7 系列小型断路器只用于短路和过载保护。

常用的断路器有塑壳式（装置式）和框架式（万能式）两类。

1. 低压断路器的外形、结构及电气符号

常见的几种低压断路器的外形和电气符号如图 1-5 所示。低压断路器主要由以下几部分组成：① 触头系统，用于接通和切断电路；② 灭弧装置，用来熄灭触头在切断电源时产生的电弧；③ 传动系统，用来操作触头的闭合与分断；④ 保护装置，当电路出现故障时，促使触头分断，快速切断电源。DZ5 系列塑壳式断路器的结构如图 1-6 所示。

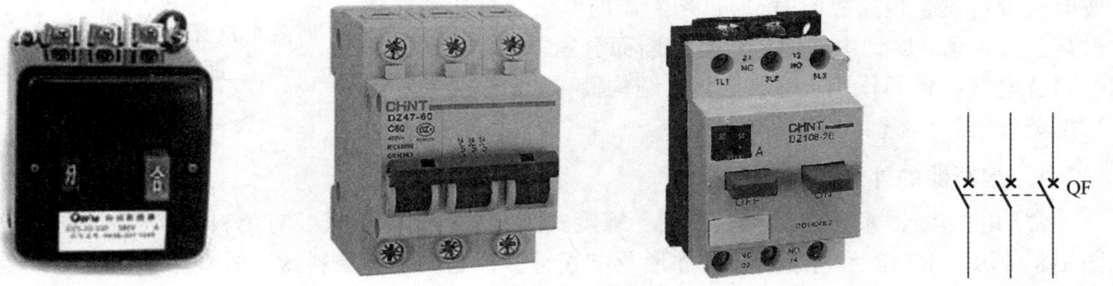

（a）DZ5 系列　（b）DZ47 系列　（c）DZ108 系列　（d）电气符号

图 1-5　常见的几种低压断路器的外形及电气符号

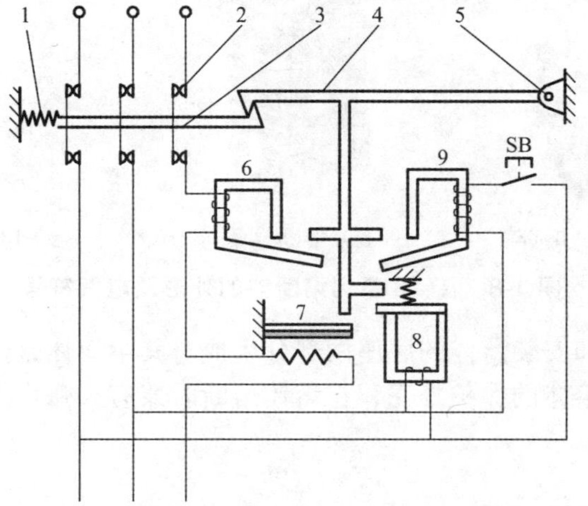

1—分闸弹簧；2—主触头；3—传动杆；4—锁扣；5—轴；6—过电流脱扣器；
7—热脱扣器；8—欠压失压脱扣器；9—分励脱扣器。

图 1-6　DZ5 系列塑壳式断路器的结构

2. 低压断路器的型号

低压断路器的型号及其含义如下：

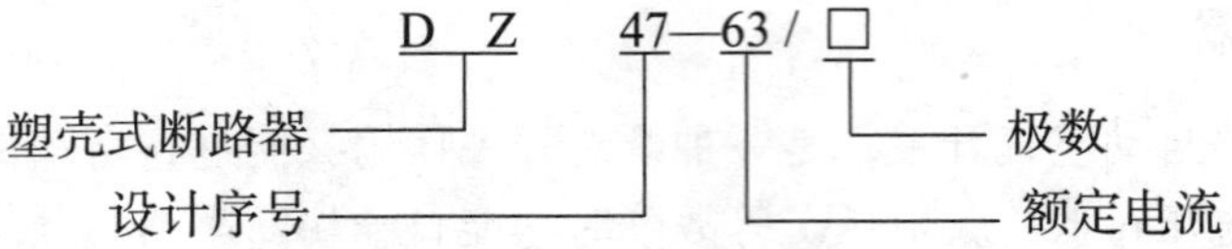

3. 低压断路器的安装与接线

（1）低压断路器应垂直于配电板安装，将电源引线接到上接线端，负载引线接到下接线端，如图 1-7 所示。

（2）低压断路器用作电源总开关或电动机控制开关时，在电源进线侧必须加装刀开关或熔断器等，以形成一个明显的断开点。

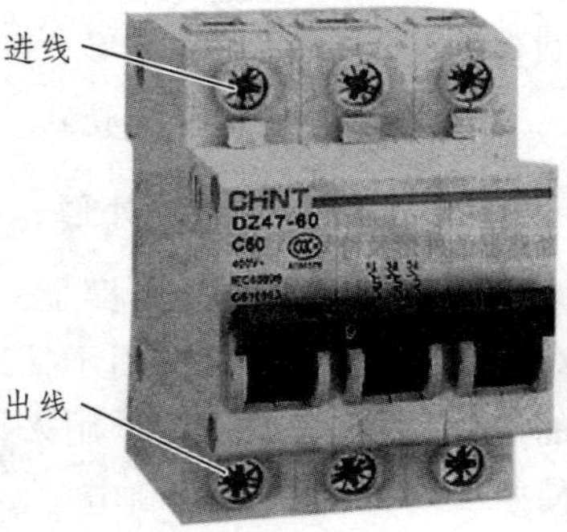

图 1-7 DZ47 系列低压断路器接线

四、熔断器

熔断器是一种在低压配电网络和电力拖动系统中起短路保护作用的低压电器，使用时串联在被保护的电路中，当电路或电气设备发生短路故障时，通过熔断器的电流一旦达到或超过某一规定值，熔管中的熔体就会熔断而分断电路，起到保护电路及电气设备的作用。熔断器具有结构简单、价格便宜、使用维护方便、体积小、重量轻等优点。

1. 熔断器的外形、结构及符号

常用的熔断器系列产品有瓷插式、螺旋式、无填料封闭管式、有填料封闭管式等类型。图 1-8 所示是 RT18 系列熔断器的外形及电气符号，它属于有填料封闭管式熔断器。

（a）熔体　（b）熔断器底座　（c）电气符号

图 1-8 RT18 系列熔断器的外形及电气符号

熔断器主要由熔体和安装熔体的底座两部分组成。其中熔体是熔断器的主要部分，常做成片状或丝状；底座是熔体的保护外壳，在熔体熔断时兼有灭弧作用。

2. 熔断器的型号

熔断器的型号及其含义如下：

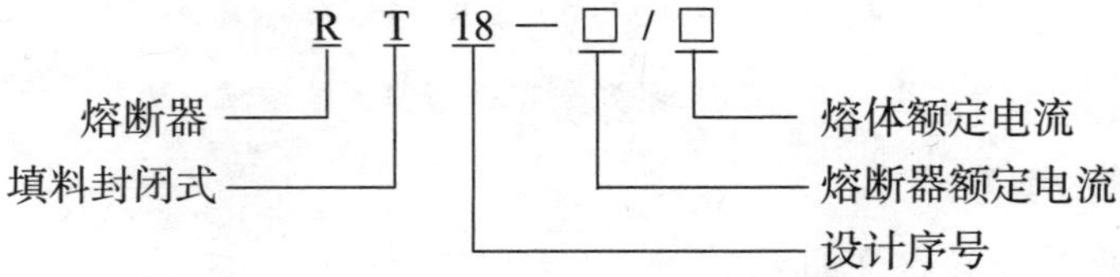

3. 熔断器的安装和使用

（1）熔断器应完整无损，接触紧密可靠，并标出额定电压、额定电流的值。

（2）圆筒帽形熔断器应垂直安装，接线遵循“上进下出”原则，如图 1-9（a）所示；若采用螺旋式熔断器，电源进线应接在底座中心点的接线端子上，被保护的用电设备应接在与螺口相连的接线端子上，遵循“低进高出”原则，以保证更换熔体时操作者不接触熔断器的带电部分，如图 1-9（b）所示。

（3）安装熔断器时，各级熔体应相互配合，并要求上一级熔体的额定电流大于下一级熔体的额定电流。

（4）熔断器兼作隔离目的使用时，应安装在控制开关的进线端；若仅作短路保护使用时，应安装在控制开关的出线端。

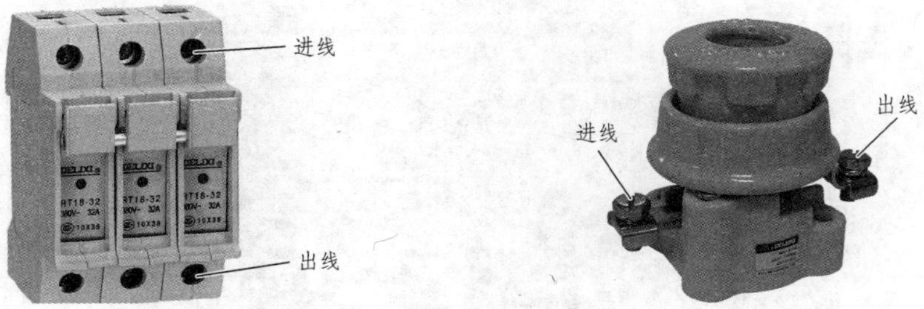

（a）圆筒帽形熔断器的接线　　（b）螺旋式熔断器的接线

图 1-9　熔断器的接线

4. 其他常见的熔断器

其他几种常见的熔断器外形如图 1-10 所示。

（a）瓷插式熔断器　（b）螺旋式熔断器　（c）有填料封闭管式熔断器　（d）无填料封闭管式熔断器

图 1-10　其他几种常见的熔断器外形

图 1-10（a）所示为瓷插式（RC）熔断器，其极限分断电流小，只用于低压分支电路或小容量电路的短路保护。图 1-10（b）所示为螺旋式（RL）熔断器，其极限分断电流大，瓷质熔管内装熔丝，并充满石英砂，两端用铜帽封闭，防止电弧喷出管外，熔管一端有熔断指示器，熔断时能自动弹出，从瓷帽的玻璃窗可以观察到这一现象。

封闭管式熔断器分为无填料（RM）、有填料（RT）和快速（RS）三种。图 1-10（c）所示为有填料（RT）封闭管式熔断器，这种熔断器主要由熔管、底座、夹头、夹座等部分组成，常用的有 RT0、RT12、RT15、RT14、RT18、RT19 等系列，其中 RT0 系列有填料封闭管式熔断器是一种大分断能力的熔断器，广泛用于短路电流较大的电力输配电系统中，常作为电缆、导线和电气设备的短路保护及导线电缆的过载保护。

图 1-10（d）所示为无填料（RM）封闭管式熔断器，其熔体为变截面锌片，中间有几个蜂腰部，装于纤维熔管内，两端用铜帽封住。熔片熔断时先从腰部熔断，产生的金属气体少、间隔大，便于灭弧。此熔断器的断流能力强，用于配电柜和控制柜中作为短路保护和严重过载保护，其技术参数包括额定电压、额定电流和极限分断能力。

五、电动机铭牌

每台电动机出厂时，在它的外壳上都有一块铭牌，如图 1-11 所示，上面标有电动机的型号和有关的技术数据，以便于用户正确地选择和使用。

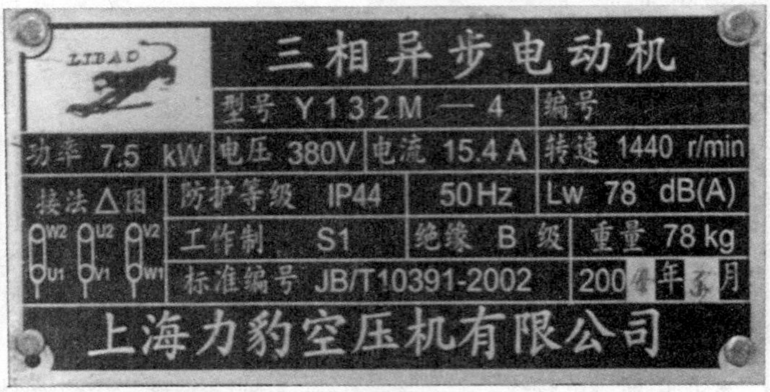

图 1-11 电动机铭牌

1. 电动机的型号

三相异步电动机的型号及其含义如下：

Y 132 M—4

- 4：电动机磁极数，这里为 4 极
- M：机座，“M”表示中机座，“S”表示短机座，“L”表示长机座
- 132：规格代号，即机座中心高，这里为 132 mm
- Y：产品代号，表示三相异步电动机

2. 技术数据

（1）电压（U_N）：即额定电压，指电动机在额定状态下运行时，加在定子绕组出线端的线电压（V），图 1-11 所示为 380 V。

（2）电流（I_N）：即额定电流，指电动机在额定状态下运行时，流入电动机定子绕组中的线电流，图 1-11 所示为 15.4 A。

（3）功率（P_N）：即额定功率，指电动机在额定状态下运行时，转子轴上输出的机械功率（kW），图 1-11 所示为 7.5 kW。

（4）50 Hz：即电动机在额定状态下运行时，电动机定子侧电压的频率，我国电网 f_N = 50 Hz。

（5）转速（n_N）：即额定转速，指电动机在额定状态下运行时的转速（r/min）。

（6）防护等级：指防止人体接触电机转动部分、带电体和防止固体异物进入的等级。图 1-11 所示为 IP44，其含义如下：

IP——特征字母，为“International Protection（国际防护）”的缩写。

44——4 级防固体（防止大于 1 mm 的固体进入电机），4 级防水（任何方向溅水对电机无影响）。

（7）绝缘等级：表示电动机各绕组及其他绝缘部件所用绝缘材料的等级。绝缘材料按耐热性能可分为 Y、A、E、B、F、H、C 共 7 个等级，见表 1-1。

表 1-1　绝缘材料耐热性能等级

绝缘等级	Y	A	E	B	F	H	C
最高允许温度/°C	90	105	120	130	155	180	> 180

电气设备（包括电动机）高出环境的温度称为温升。电动机的额定温升，是指在规定的环境温度（+40 °C）下，电动机绕组的最高允许温度，它取决于绕组的绝缘等级。

（8）工作制：即电动机的运行方式。S1 表示连续运行，S2 表示短时运行，S3 表示断续。此外，电动机铭牌上还标明了电动机三相绕组的联结方式，如图 1-11 所示为△联结。

六、电动机的接线及检测

三相笼型异步电动机的定子三相绕组有星形（Y）联结和三角形（△）联结两种联结方法。电动机采用何种联结方法，在该电动机铭牌上有明确的标注。如 JW6314 型微型电动机采用 Y/△联结方法，Y132M-4 型异步电动机采用△联结方法。

一般鼠笼式异步电动机的接线盒中有 6 根引出线，首端用 U1、V1、W1 表示，末端用 U2、V2、W2 表示。电动机的外部接线如图 1-12（a）、（b）所示。将 JW6314 型微型电动机按图 1-12（a）、（b）所示分别接好，测量 Ul—Vl、Ul—Wl、Vl—WI 之间的直流电阻值（不通电时的线圈电阻值），填入表 1-2。

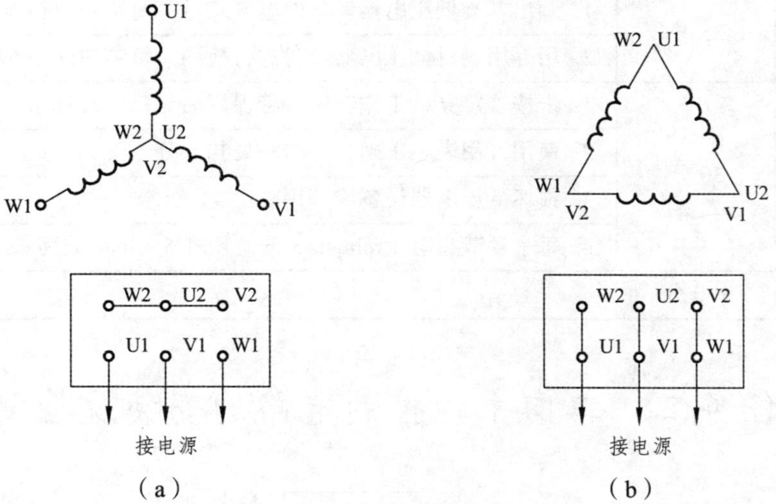

图 1-12　电动机的外部接线

表 1-2　测量结果

联结方式	直流电阻值/Ω		
	U1—V1	U1—W1	V1—W1
Y 联结			
△联结			

技能训练

工作任务：低压电器设备的认知。

任务目标：1. 能辨识各种各类低压电器设备。

2. 能用万用表对低压电器设备进行检测。

3. 掌握各种低压电器设备的电气符号，在电路图中能进行正确的识读。

4. 培养遵守实验、实习场地规章制度的意识。

任务实施：

1. 准备工作

（1）人员组织：1人。

（2）设备组织：各类低压电器设备。

（3）资料组织：记录本1本，记录笔1支。

2. 实际操作

（1）人员组织：1人。

（2）考核时间：10 min。

（3）测评标准：

项目及配分		考核内容及评分标准
作业程序	35分	1. 辨识各类低压电器设备并说出它们的名称。每错一处扣5分
		2. 说出各类低压电器设备的作用。每错一处扣5分
质量	35分	1. 画出各类低压电器设备的电气符号。每错一处扣5分
		2. 用万用表对低压电器设备进行检测。每错一处扣5分
安全及其他	30分	1. 未按规定穿戴工作制服和劳保用品，每少一件扣5分
		2. 使用万用表不正确，每错一处扣5分
		3. 损坏低压电器设备或万用表扣41分
		4. 每个环节超时1 min扣5分，超时5 min停止考核
合计	100分	

任务二　单向手动控制电路的安装及检测

知识学习

学习目标：

1. 掌握单向手动控制电路电气原理图的识读方法。

2. 掌握单向手动控制电路的工作原理。

3. 掌握单向手动控制电路的安装方法。

知识要点：

一、单向手动控制电路的电气原理图

单向手动控制电路的电气原理图如图 1-13 所示。

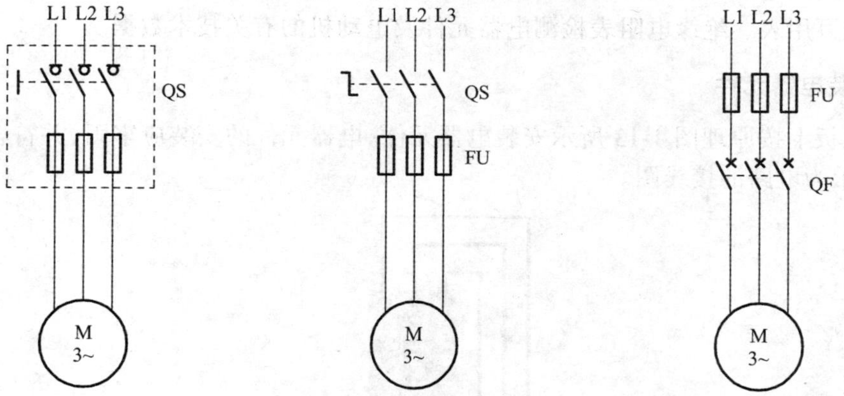

（a）开启式负荷开关控制　（b）组合开关控制　（c）低压断路器控制

图 1-13　单向手动控制电路的电气原理图

二、器材准备

每人按表 1-3 准备工具、设备（本书其他工作任务所用工具不再重复列出），并按表 1-4 配齐本任务所用元器件。

表 1-3　工作任务所需工具、设备

序号	名　称	型号与规格	单位	数量
1	三相五线交流电源	~ 3 × 380 V/220 V、20 A	台	1
2	单相交流电源	~ 220 V/ ~ 24 V、5 A	台	1
3	电工通用工具	测电笔，一字、十字螺钉旋具，剥线钳，尖嘴钳，电工刀等	套	1
4	万用表	指针式万用表，如 MF47、MF368	只	1
5	绝缘电阻表（兆欧表）	500 V，0 ~ 200 MΩ	只	1
6	劳保用品	绝缘鞋、工作服等	套	1

表 1-4　电器元件明细表

序号	名称	型号与规格	单位	数量
1	三相异步电动机	Y112M-4，4 kW，380 V，8.8 A	台	1
2	开启式负荷开关	HK1-30/3，380 V，30 A，熔体直连	个	1
3	组合开关	HZ10-25/3	个	1
4	低压断路器	DZ47-63，380 V，20 A，整定 10 A	个	1
5	熔断器	RT18-32，500 V，配 20A 熔体	个	3
6	端子排	TB1510L，600 V，15 A、10 节或配套自备	条	1
7	木螺钉	ϕ3 mm × 20 mm；ϕ3 mm × 15 mm	个	1
8	导线	BV1.5 mm^2，黄、绿、红	m	6
9	接地线	BVR1.5 mm^2，黄绿双色	m	若干

三、电路安装及检测

1. 检测电器元件

（1）根据电动机的规格检验选配的低压开关、熔断器、导线的型号及规格是否满足要求。
（2）选用的电器元件的外观应完整无损，附件、备件齐全。
（3）用万用表、绝缘电阻表检测电器元件及电动机的有关技术数据。

2. 安装电器元件

在控制板上按原理图 1-13 所示安装电器元件。电器元件的安装应牢固，并符合工艺要求。图 1-14 所示为电路的接线图。

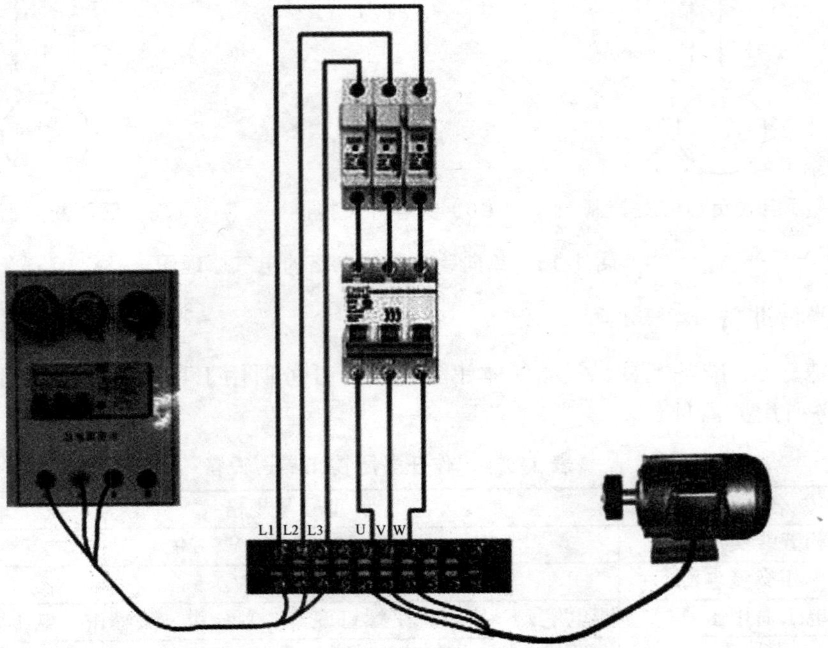

图 1-14　单向手动控制电路的接线图

3. 布线

按原理图 1-13 所示接好电路。

4. 安装电动机

（1）控制板必须安装在操作时能看到电动机的地方，以保证操作安全。
（2）电动机在底座上的固定必须牢固。在紧固地脚螺栓时，必须按对角线均匀给力，依次交错，逐步拧紧。

5. 通电试车

用万用表的欧姆挡，量程选 ×100 或 ×1k，闭合 QS 或 QF，分别测量 Ll—U、L2—V、L3—W 之间的 3 个电阻值无误后，先连接三相电源，再接好电动机以及地线，经教师检查合格后进行通电试车。
（1）电动机使用的电源电压和绕组的接法必须与铭牌上规定的一致。
（2）接线时，必须先接负载端，后接电源端；先接接地线，后接三相电源线。

（3）通电试运行时，若发生异常情况应立即断电检查。

（4）安装组合开关和低压断路器时，在电源进线侧加装熔断器。

（5）熔断器的额定电压不能小于电路的额定电压，额定电流不能小于所装熔体的额定电流。

6. 常见故障及维修

单向手动控制电路的常见故障及维修方法见表 1-5。

表 1-5　单向手动控制电路的常见故障及维修方法

常见故障	故障原因	维修方法
电动机不启动或缺相	1. 熔断器熔体熔断	1. 查明原因后更换熔体
	2. 组合开关或熔断器操作失灵	2. 拆转后修复
	3. 负荷开关或组合开关动静触头接触不良	3. 对触头进行修复

知识拓展：电气识图基础知识

为了表达电气控制系统的设计意图，便于分析其工作原理以及安装、调试和检修控制系统，必须采用统一的图形符号和文字符号来表达。目前，我国已发布实施了电气图形和文字符号的相关国家标准，例如：

GB/T 4728. 1—2005 电气简图用图形符号第 1 部分：一般要求

GB/T 4728. 2—1996/2000 电气简图用图形符号

GB/T 5094 电气技术中的项目代号

GB/T 5226 机床电气设备通用技术条件

CB/T 7159 电气技术中的文字符号制定通则

GB/T 6988 电气制图

一、图形、文字符号

1. 图形符号

图形符号通常用于图样或其他文件，用来表示一个设备或概念的图形、标记或字符。电气控制系统图中的图形符号必须按国家标准绘制。

2. 文字符号

文字符号分为基本文字符号和辅助文字符号。文字符号适用于电气技术领域中技术文件的编制，也可表示在电气设备、装置和元件上或其近旁以标明它们的名称、功能、状态和特征。

3. 电路及各连接点标记

（1）三相交流电源引入线采用 Ll、L2、L3 标记。

（2）电源开关之后的三相交流电源主电路分别按 U、V、W 顺序标记。

（3）分级三相交流电源主电路采用三相文字代号 U、V、W 的前边加上阿拉伯数字 1、2、3 等来标记，如 1U、1V、1W 和 2U、2V、2W 等。

（4）电动机分支电路各连接点标记采用三相文字代号后面加数字来表示，数字中的个位数表示电动机代号，十位数字表示该支路各连接点的代号，例如，U21 为第一相的第二个连接点代号，以此类推。

（5）控制电路采用阿拉伯数字编号，一般由 3 位或 3 位以下数字组成。标注方法按“等电位”原则进行，即在垂直绘制的电路中，标号顺序一般由上而下编设，凡是被线圈、绕组、触头或者电阻、电容等原件所间隔的线段，都应标以不同的电路符号。

二、电气控制电路图的分类

电气控制电路的表示方法有电气原理图、电气接线图和电器布置图。

电气原理图是根据电气控制电路的工作原理而绘制的，具有结构简单、层次分明、便于研究和分析电路的工作原理等优点，无论是在设计部门还是在生产现场都得到了广泛应用。电气原理图中采用的图形、文字符号必须符合最新的国家标准。

电气控制电路根据其通过电流的大小可分为主电路和控制电路。主电路包括从电源到电动机的电路，是强电流通过的部分，用粗线条画在电气原理图的左边；控制电路是通过弱电流的电路，一般由按钮、电器元件的线圈、接触器的辅助触头、继电器的触头等组成，用细线条画在电气原理图的右边。

在电气原理图中，所有按钮、触头均按没有外力作用和没有通电时的原始状态画出。控制电路的分支电路，原则上按照动作先后顺序排列，两线交叉连接时的电气联结点必须用黑点标出。

三、电气原理图的识读

电气原理图是分析电气控制电路的核心依据，它由主电路、控制电路、辅助电路、保护及联锁环节以及特殊控制电路等部分组成。

分析电气原理图，必须与阅读其他技术资料结合起来。例如，各电动机及执行元件的控制方式、位置及作用，各种与机械有关的位置开关、主令电器的状态等，只有通过阅读说明书才能了解。

在分析电气原理图时，还可以通过所选用的电器元件的参数，分析出控制电路的主要参数和技术指标，例如可以估计出各部分的电流、电压值，以便在调试和检修中合理地使用仪表。

1. 分析主电路

从主电路入手，根据每台电动机和执行电器的控制要求去分析各电动机和执行电器的控制内容。

2. 分析控制电路

根据主电路中各电动机和执行电器的控制要求，逐一找出电器中的控制环节，将控制电路按功能不同划分成若干个局部电路来进行分析。如果控制电路较复杂，则可先排除照明、显示等与控制关系不密切的电路，以便集中精力进行分析。对控制电路一定要分析透彻。

3. 分析辅助电路

辅助电路包括执行元件的工作状态显示、电源显示、参数测定、照明和故障报警等部分，辅助电路中的很多部分是由控制电路中的元件来控制的，所以，在分析辅助电路时，还要对照控制电路来进行分析。

4. 分析联锁与保护环节

生产机械对于安全性、可靠性有很高的要求。要满足这些要求，除了应合理地选择拖动、控制方案外，还应在控制电路中设置一系列电气保护和必需的电气联锁电路。

5. 分析特殊控制环节

在某些控制电路中，设置了一些与主电路、控制电路关系不密切且相对独立的特设环节，如产品技术装置、自动监测装置、晶闸管触发电路、自动调温装置等。这些部分往往自成一个小系统，其读图分析的方法可参照上述电路的分析过程，并可灵活运用所学过的电子技术、变流技术、自动控制系统、检测与转换等方面的知识进行逐一分析。

6. 总体检查

经过化整为零，逐步分析了每一局部电路的工作原理以及各部分之间的控制关系之后，还必须检查整个控制环节之间的联系，清楚地理解原理图中每一个电器元件的作用、工作过程及主要参数。

技能训练

工作任务：单向手动控制电路的安装。

任务目标：1. 能正确选择单向手动控制电路的各种设备。
2. 能用万用表对单向手动控制电路的各种设备进行检测。
3. 能正确识读单向手动控制电路的电气原理图。
4. 培养遵守实验、实习场地规章制度的意识。

任务实施：

1. 准备工作

（1）人员组织：1 人。

（2）设备组织：各类低压电器设备。

（3）资料组织：记录本 1 本，记录笔 1 支。

2. 实际操作

（1）人员组织：1 人。

（2）考核时间：10 min。

（3）测评标准：

项目及配分		考核内容及评分标准
作业程序	35 分	1. 辨识各类电器设备并说出它们的名称。每错一处扣 5 分
		2. 说出各类电器设备的作用。每错一处扣 5 分
质量	35 分	1. 画出单向手动控制电路的电气原理图。每错一处扣 5 分
		2. 用万用表对单向手动控制电路的设备进行检测。每错一处扣 5 分
安全及其他	30 分	1. 未按规定穿戴工作制服和劳保用品，每少一件扣 5 分
		2. 使用万用表不正确，每错一处扣 5 分
		3. 损坏电器设备或万用表扣 41 分
		4. 每个环节超时 1 min 扣 5 分，超时 5 min 停止考核
合计	100 分	

课后练习

一、技能练习题

安装图 1-13（b）所示电气控制电路。

二、知识练习题

1. 选择题

（1）HK 系列开启式负荷开关可用于功率小于（　　）kW 的电动机控制电路中。

A. 55　B. 75　C. 10　D. 13

（2）HK 系列开启式负荷开关用于控制直流电动机的直接启动和停止时，应选用额定电流不小于电动机额定电流（　　）倍的三极开关。

A. 1.5　B. 2　C. 3　D. 5

（3）封闭式负荷开关属于（　　）。

A. 非自动切换电器　B. 自动切换电器　C. 无法判断

（4）熔断器的额定电流应（　　）所装熔体的额定电流。

A. 大于　B. 犬于或等于　C. 小于　D. 不大于

（5）D25-20 型低压断路器的过载保护是由（　　）完成的。

A. 欠电压脱扣器　B. 电磁脱扣器　C. 热脱扣器　D. 失电压脱扣器

（6）在控制板上安装组合开关、熔断器时，受电端子应装在控制板的（　　）。

A. 内侧　B. 外侧　C. 内侧或外侧　D. 无要求

（7）在三相交流异步电动机的定子上布置有（　　）的三相绕组。

A. 结构相同，空间位置互差 90° 电角度

B. 结构相同，空间位置互差 120°电角度

C. 结构不同，空间位置互差 180° 电角度

D. 结构不同，空间位置互差 120° 电角度

2. 判断题

（1）手动电器是指需要人工直接操作才能完成指令任务的电器。（　　）

（2）自动电器是指按照电或非电信号自动或人工操作来完成指令任务的电器。（　　）

（3）刀开关可以垂直安装，也可以水平安装。（　　）

（4）封闭式负荷开关的外壳应可靠接地。（　　）

（5）D25 系列低压断路器的热脱扣器和电磁脱扣器均没有电流调节装置。（　　）

（6）一个额定电流等级的熔断器只能配一个额定电流等级的熔体。（　　）

（7）在装接 RT18 系列熔断器时，电源线应安装在上接线座，负载线应安装在下接线座。（　　）

3. 画出下列电器及设备的电气图形符号并标出文字符号。

（1）刀开关　（2）低压断路器　（3）组合开关　（4）三相异步电动机　（5）熔断器

4. 开启式负荷开关在安装时应注意哪些问题？

5. 简要说明低压断路器在电路中的作用。D25 系列和 D247 系列低压断路器在保护功能方面一样吗？

6. 电源电压一定，电动机三相绕组分别接成 Y 和 △ 接法时，每相绕组上的电压值与电源电压有何关系？

工作任务群二

单向运行控制电路的安装

三相异步电动机的单向运行控制在生产现场中应用非常广泛，其控制电路的原理及安装与维修技能是维修电工必须掌握的基础知识和基本技能。本工作任务群通过点动控制、连续运行与两地控制三个具体电路来学习单向运行控制电路，要求学生熟悉按钮、接触器、热继电器的作用、结构，能够进行单向运行控制电路的安装、检查、测试。

任务一 单向运行控制电路元器件的认知

知识学习

学习目标：

掌握按钮、接触器、热继电器的电气符号、结构、工作原理及选用方法。

知识要点：

1. 按钮是一种短时接通或分断小电流电路的电器，在控制电路中发出指令或信号去控制接触器、继电器等，再由它们去控制主电路的通断、功能转换或电气联锁。

2. 接触器是一种用来自动接通或断开大电流电路并可实现远距离控制的低压电器。它不仅具有欠电压和失电压保护功能，而且还具有控制容量大、过载能力强、寿命长、设备简单经济等特点。接触器分为交流接触器和直流接触器两类。

3. 热继电器是利用电流的热效应对电动机或其他用电设备进行过载保护的控制电器。它主要用作电动机的过载保护、断相保护、电流不平衡运行的保护等。

一、按钮

一个按钮控制台可能是指示仪表、按钮、选择开关和指示灯的组合；也可能只有按钮，如图 2-1 所示。该控制台包含 3 个按钮：2 个常开，1 个常闭。控制台的外壳通常使用模制塑料或金属板。如果有多个这样的按钮控制台就可以实现电动机的多地控制。

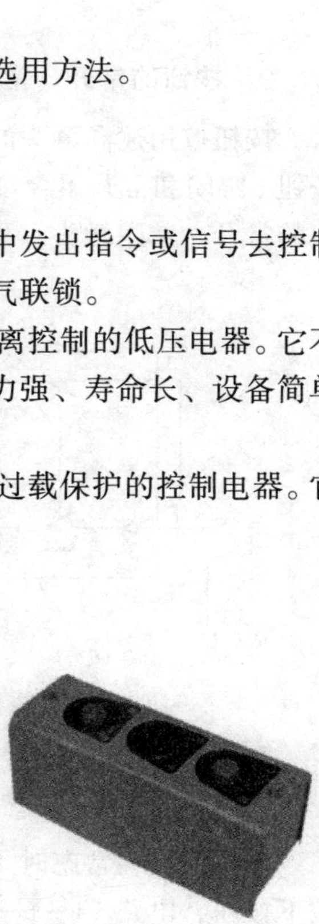

图 2-1 按钮控制台

按钮是一种短时接通或分断小电流电路的电器，其触头允许通过的电流较小，一般不超过 5 A，因此一般情况下它不直接控制主电路的通断，而是在控制电路中发出指令或信号去控制接触器、继电器等，再由它们去控制主电路的通断、功能转换或电气联锁。

1. 按钮的外形、结构与电气符号

图 2-2 所示为按钮的外形、结构与电气符号。

按钮一般是由按钮帽、复位弹簧、动触头、静触头、外壳及支柱连杆等组成。

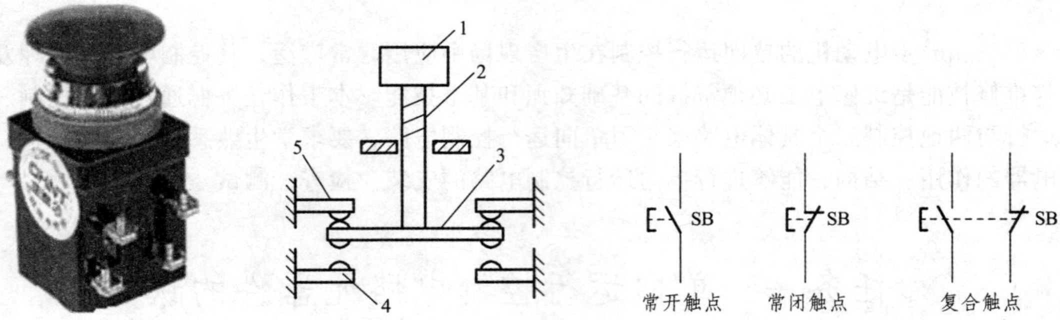

（a）外形（LA19 系列）　（b）结构　（c）电气符号

1—按钮帽；2—复位弹簧；3—动触头；4—常开静触头；5—常闭静触头。

图 2-2　按钮的外形、结构与电气符号

2. 按钮的常开、常闭触头

按钮按用途和触头的结构不同分为启动按钮（常开按钮）、停止按钮（常闭按钮）和复合按钮（常闭和常开组合按钮），通常通过控制接触器或继电器来控制电动机。为了正确理解按钮的常开、常闭触头，我们先来看看图 2-3。

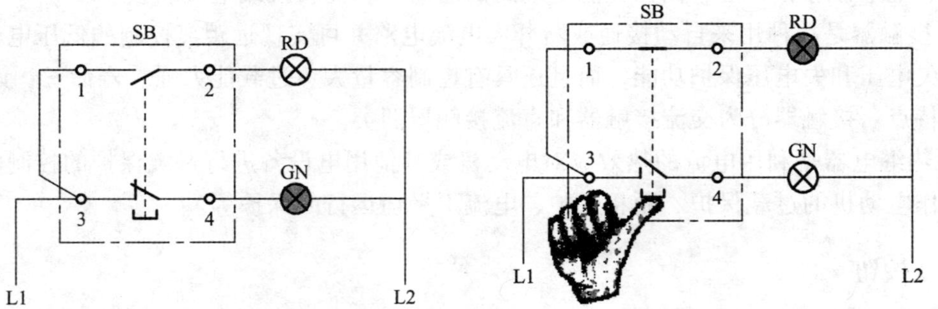

（a）未按按钮时绿灯亮　（b）按下按钮时红灯亮

图 2-3　复合按钮控制红绿灯

当按钮处在常态时（未施加外力的状态），电路 Ll—3—4—GN—L2 形成通路，绿灯亮；按下按钮，电路 Ll—1—2—RD—L2 形成通路，红灯亮。当松开按钮时，在按钮复位弹簧的作用下，按钮就回到了图 2-3（a）所示的位置。

3. 按钮的检测

（1）万用表选择 ×100 或者 ×1k 挡，并进行欧姆调零。

（2）两两测量触头的电阻值。未按下时阻值为 ∞，而按下时阻值为 0 的一对触头为常开触头；相反，不按时阻值为 0，而按下时阻值为 ∞ 的一对触头为常闭触头。检测方法如图 2-4 所示。

常用的控制按钮有 LA10、LA18、LA19、LA20 及 LA25 等系列。其中 LA18 系列采用积木式结构，触头数目可按需要拼装至六常开、六常闭，一般拼装成二常开、二常闭。LA19、LA20 系列分带指示灯和不带指示灯两种，其中 LA19 系列的按钮帽用透明塑料制成，兼作指示灯罩。按钮按照其结构形式可分为开启式（K）、保护式（H）、防水式（S）、防腐式（F）、紧急式（J）、钥匙式（Y）、旋钮式（X）和带指示灯式（D）等几种类型。

为了区分各个按钮的功能及作用，常将按钮帽做成不同颜色，以便操作人员识别而避免误操作。例如，红色表示停车或紧急停车；绿色和黑色表示启动、点动或工作检测按钮触头等；黄色则表示返回启动、移动出界、正常。为防止突发事故对操作者和设备造成危害，生产设备常常设置急停按钮。如图 2-5 所示的急停按钮，为了容易快速接触而带有一个蘑菇头。

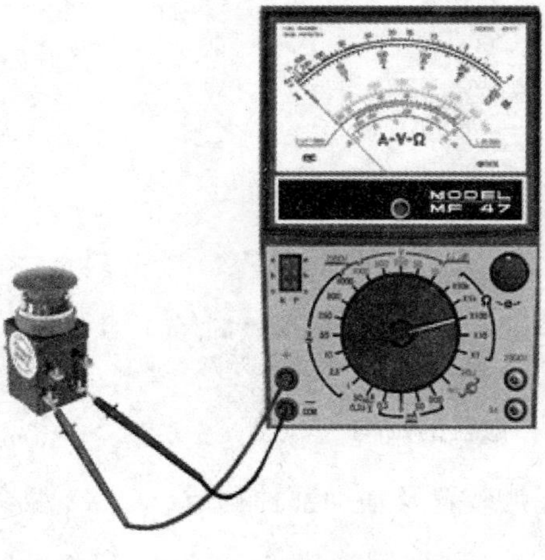

图 2-4　用万用表检测按钮

图 2-5　急停按钮

二、接触器

接触器是一种用来自动接通或断开大电流电路并可实现远距离控制的低压电器。它不仅具有欠电压和失电压保护功能，而且还具有控制容量大、过载能力强、寿命长、设备简单经济等特点，在电力拖动控制电路中得到了广泛应用。

按主触头通过电流的种类不同，接触器分为交流接触器和直流接触器两类。电气控制电路中常用的一般是交流接触器。

1. 接触器的外形和电气符号

交流接触器的外形和电气符号如图 2-6 所示。

（a）CJX 系列　（b）CJ10 系列　（c）电气符号

图 2-6　交流接触器的外形和电气符号

2. 接触器的结构与原理

接触器的结构如图 2-7 所示。接触器的工作原理简述如下：线圈通电后，在铁心中产生磁通及电磁吸力，此电磁吸力克服弹簧反力使得衔铁吸合，带动触头系统动作，常闭触头断开、常开触头闭合；当线圈断电或线圈两端电压显著降低时，电磁吸力小于弹簧反力，使得衔铁释放，触头系统恢复常态。

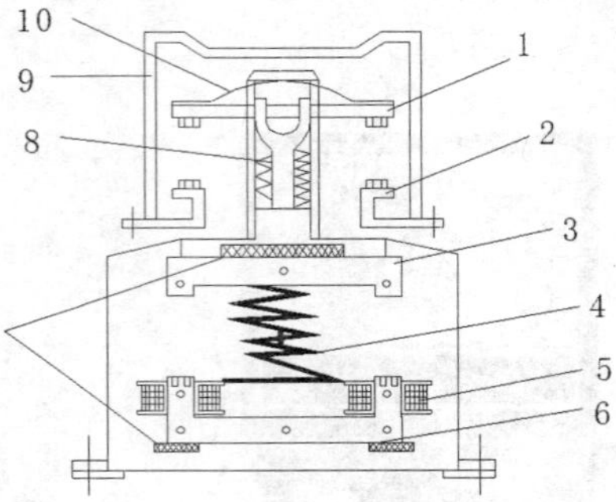

1—动触桥；2—静触点；3—衔铁；4—缓冲弹簧；5—电磁线圈；6—静铁心；
7—垫毡；8—触点弹簧；9—灭弧罩；10—触点压力簧片。

图 2-7　接触器的结构

交流接触器由电磁系统、触头系统、灭弧装置及辅助部件构成，CJX2 型交流接触器的结构如图 2-8 所示。

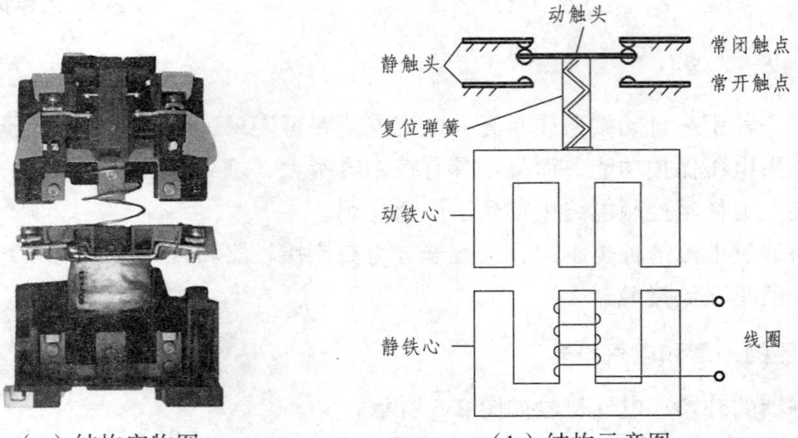

（a）结构实物图　（b）结构示意图

图 2-8　CJX2 型交流接触器的结构

（1）电磁系统：如图 2-9 所示，交流接触器的电磁系统由线圈、静铁心、动铁心（又称衔铁）和短路环等组成。线圈通电时产生磁场，动铁心被吸向静铁心，带动触头动作，去控制电路的接通与分断。为了减小磁滞和涡流损失，铁心采用硅钢片叠压铆成。为了减小震动和噪声，在铁心端面上嵌入一只铜环，一般称之为短路环。

当电磁线圈通入交流电时，线圈电流 i_1 产生磁通 Φ_1，短路环中产生感应电流 i_2 形成磁通 Φ_2，由于 i_1 与 i_2 的相位不同，故 Φ_1 与 Φ_2 的相位也不同，即 Φ_1 与 Φ_2 不同时为零，这样，在磁通 Φ_1 过零时，Φ_2 不为零而产生吸力，吸住衔铁，使衔铁始终被铁心吸牢，振动和噪声显著减小。

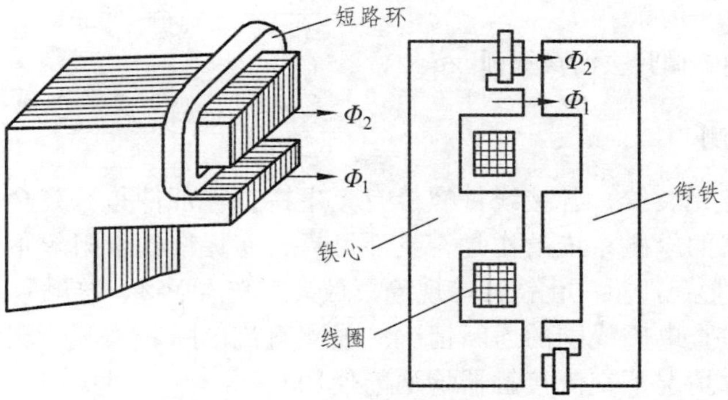

图 2-9　交流接触器的电磁系统的结构和工作原理

（2）触头系统：交流接触器的触头系统包括主触头和辅助触头。三对主触头用于接通和分断主电路，允许通过较大的电流；辅助触头用于控制电路，只允许小电流通过。触头又分为常开和常闭两种。当线圈通电时，所有的常闭触头首先断开，然后所有的常开触头闭合；当线圈断电时，在反向弹簧力的作用下，所有触头都恢复常态。

（3）灭弧装置：接触器在分断大电流电路时，在动、静触头之间会产生较大的电弧，它不仅会烧坏触头、延长电路分断时间，严重时还会造成相间短路，所以在 20 A 以上的接触器上均装有灭弧装置。对于小容量的接触器，常采用双断口触头灭弧、电动力灭弧、相间弧板隔弧及陶土灭弧罩灭弧；对于大容量的接触器，一般采用纵缝灭弧罩及栅片灭弧。灭弧装置的结构与工作原理如图 2-10 所示。

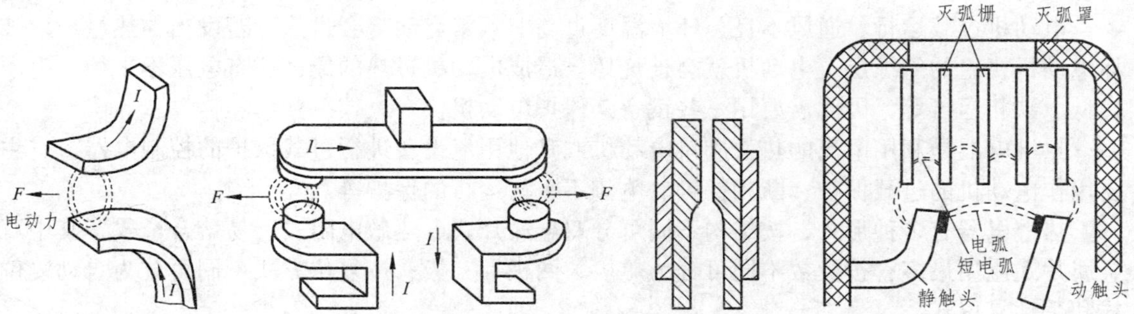

（a）电动力灭弧　（b）双断口灭弧　（c）纵缝灭弧罩灭弧　（d）栅片灭弧

图 2-10　灭弧装置的结构与工作原理

3. 接触器的型号

交流接触器的型号及含义如下：

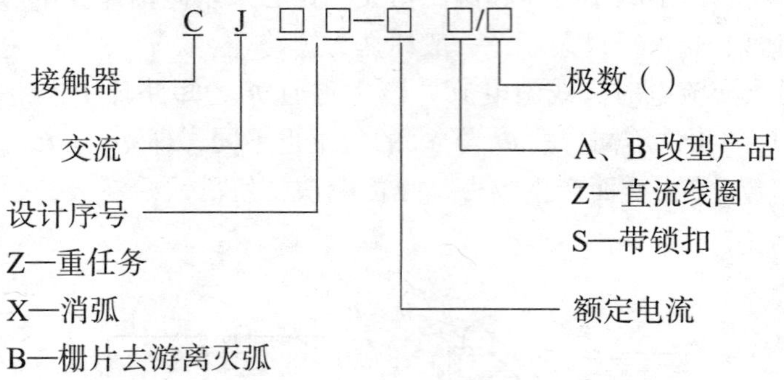

4. 接触器的检测

（1）检查外壳有无裂纹，各接线桩螺栓有无生锈，零部件是否齐全。

（2）交流接触器的电磁系统动作是否灵活可靠，有无衔铁卡阻等不正常现象。检查接触器触头有无熔焊、变形、严重氧化锈蚀等现象，触头应光洁平整、接触紧密，防止粘连、卡阻。

（3）用万用表检查电磁线圈的通断情况。线圈直流电阻若为零，则线圈短路；若为∞则线圈断路。以上两种情况下交流接触器均不能使用。

（4）核对交流接触器的电压等级、电流容量、触头数目及开闭状况等。

5. 接触器的安装使用

（1）交流接触器一般应安装在垂直面上，倾斜度不得超过 5°；若有散热孔，则应将有孔的一面放在垂直方向以利散热，并按规定与其他器件间留有适当的飞弧空间，以免飞弧烧坏相邻电器。

（2）安装和接线时，注意不要将零件失落或掉入交流接触器内部。安装孔的螺钉应装有弹簧垫圈和平垫圈并将螺钉拧紧以防振动松脱。

（3）安装完毕并检查接线正确无误后，在主触头不带电的情况下操作几次，然后测量接触器的动作值和释放值，所测数值应符合产品的规定要求。

三、热继电器

电动机过载运行、通风不良、环境温度过高、频繁启动都会过热，若发出的热量足以破坏电动机绕组的绝缘层，电动机就会被烧坏。造成电动机过热的原因还有电压不平衡、电压过低、缺相运行等，因此需要用一些设备来保护电动机。

热继电器是利用电流的热效应对电动机或其他用电设备进行过载保护的控制电器。它主要用作电动机的过载保护、断相保护、电流不平衡运行的保护等。

热继电器有多种形式，按结构不同可分双金属片式、热敏电阻式、易熔合金式，其中双金属片式应用最多；按极数不同可分为单极、两极和三极；按复位方式不同可分为自动复位式和手动复位式。

1. 热继电器的外形、结构和电气符号

热继电器的外形和电气符号如图 2-11 所示。

（a）T 系列　　（b）JR20 系列　　（c）电气符号

图 2-11　热继电器的外形和电气符号

热继电器的结构如图 2-12 所示。

（a）T 系列内部结构图　　（b）JR20 系列内部结构图

图 2-12　热继电器的内部结构

2. 热继电器的型号

热继电器的型号及含义如下：

J R □—□ / □ D

- J：继电器
- R：热
- □（第一个）：设计序号
- □（第二个）：额定电流
- □（第三个）：极数
- D：带断相保护装置

目前常用的热继电器有 JR16、JR20 等系列以及引进的 T 系列、3UA 系列产品，均为双属片式，其中 JR20 系列和 T 系列是带有差动断相保护机构的热继电器。

3. 热继电器的整定电流

所谓整定电流，是指热继电器连续工作而不动作的最大电流。热继电器的整定电流大小可通过旋转“整定电流调节”旋钮来调节，旋钮上刻有整定电流值标尺，如图 2-13 所示。

1—测试按钮；2—复位按钮；3—常闭触头；4—常开触头；
5—热元件接线端子；6—整定电流调节旋钮

图 2-13 热继电器的外形

热继电器的整定电流般为电动机额定电流的 0.95～1.05；若电动机拖动的是冲击性负载或启动时间较长及拖动的设备不允许停电的场合，热继电器的整定电流可取 1.1～1.5 倍电动机的额定电流；如果电动机的过载能力较差，热继电器的整定电流为电动机的额定电流的 0.6～0.8。同时整定电流应留有一定的上下限调整范围。

4. 热继电器的安装使用

热继电器可以安装在底座上，然后固定到导轨上，也可以和接触器直接相连。热继电器的安装如图 2-14 所示。

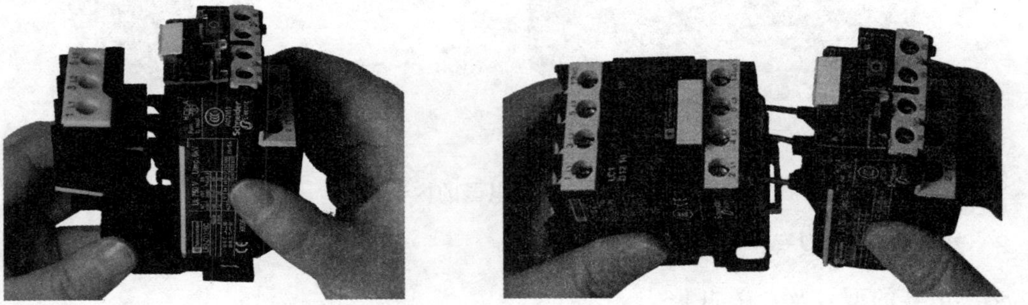

（a）与底座配合安装　　（b）与接触器配合安装

图 2-14 热继电器的安装

热继电器在电路中只能作过载保护，不能作短路保护。因为由于热惯性，双金属片从升温到发生弯曲直到常闭触头断开需要一段时间，不能在短路瞬间分断电路。也正是因为这个热惯性，使电动机在启动或短时过载时，热继电器不会误动作。

技能训练

工作任务：交流接触器的结构认知。

任务目标：1. 能辨识交流接触器的各个组成部分。

2. 能用万用表对交流接触器进行检测。
3. 掌握交流接触器的电气符号，在电路图中能进行正确的识读。
4. 培养遵守实验、实习场地规章制度的意识。

任务实施：

1. 准备工作

（1）人员组织：1 人。

（2）设备组织：交流接触器。

（3）资料组织：记录本 1 本，记录笔 1 支。

2. 实际操作

（1）人员组织：1 人。

（2）考核时间：15 min。

（3）测评标准：

项目及配分		考核内容及评分标准
作业程序	35 分	1. 辨识交流接触器的各个组成部分。每错一处扣 5 分
		2. 说出每个组成部分的作用。每错一处扣 5 分
质量	35 分	1. 画出交流接触器的线圈、触头的电气符号。每错一处扣 5 分
		2. 用万用表对交流接触器的触头、线圈进行检测。每错一处扣 5 分
安全及其他	30 分	1. 未按规定穿戴工作制服和劳保用品。每少一件扣 5 分
		2. 使用万用表不正确，每错一处扣 5 分
		3. 损坏交流接触器或万用表扣 41 分
		4. 每个环节超时 1 min 扣 5 分，超时 5 min 停止考核
合计	100 分	

任务二　单向运行控制电路的安装及检测

知识学习

学习目标：

1. 掌握点动控制电路的识读与分析方法。
2. 掌握单向运行控制电路的识读与分析方法。
3. 掌握单向运行控制电路的安装方法和要求。

知识要点：

1. 点动控制：按下按钮，电动机运转；松开按钮，电动机停转。

2. 连续控制：在常开按钮两端并联接触器的常开触头（也叫自锁触头），按下按钮后，接触器线圈受电动作，自锁触头闭合，构成接触器线圈的自保持回路，接触器线圈一直保持在受电状态，电动机连续运行。

一、点动控制电路的分析

点动控制是指按下按钮电动机就得电运转、松开按钮电动机就断电停转。

点动控制的应用场合很多，比如电动葫芦的起重电动机控制、车床托板箱快速移动电动机控制、机床中做加工准备时的对刀等。

点动控制电路的工作原理示意图如图 2-15 所示。当电动机需要点动时，先合上低压断路器，按下按钮 SB，接触器 KM 线圈得电，常开主触头 KM 闭合，电动机启动运行；松开按钮时，接触器 KM 线圈断电，接触器主触头 KM 断开，电动机停转。

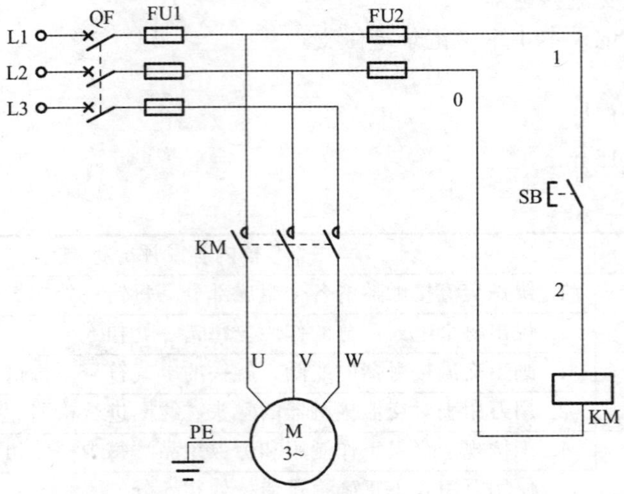

图 2-15 点动控制电路的工作原理示意图

二、单向运行控制电路的识读与分析

1. 电路分析

对需要较长时间运行的电动机，采用点动控制是很不方便的。因此，对于连续运行的电动机，可在点动控制的基础上，保持主电路不变，在控制电路中将按钮 SB 改为启动按钮 SB1，提供另一条与 SB1 并联的通路，如图 2-16（a）中的虚线所示，这样，当按钮松开时，接触器线圈可以通过与 SB1 并联的支路得电，电动机就能继续运行。为了使该条通路受按钮的控制，按下按钮后这条并联支路才能接通，因而选择将交流接触器的一个常开辅助触头与按钮并联。启动按钮 SB1 未按下时，A 和 B 之间是断开的，只有按下启动按钮后，接触器线圈得电，其常开辅助触头 KM 闭合，A 和 B 段右侧的支路才能接通，如图 2-16（b）所示。通常将这种用接触器本身的触头来使其线圈保持通电的环节称为“自锁”环节。与启动按钮 SB1 并联的这种 KM 的常开辅助触头叫作自锁触头。为了使电动机能够停止，加了一个停止按钮，如图 2-16（c）所示。设计好的带有过载保护的电动机连续运行控制电路如图 2-17 所示。

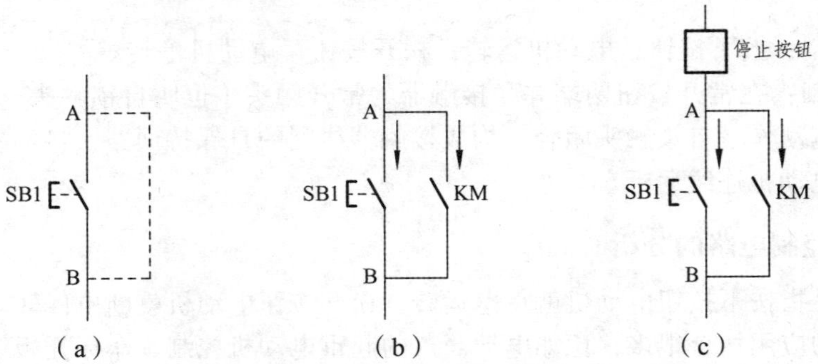

图 2-16 自锁电路设计

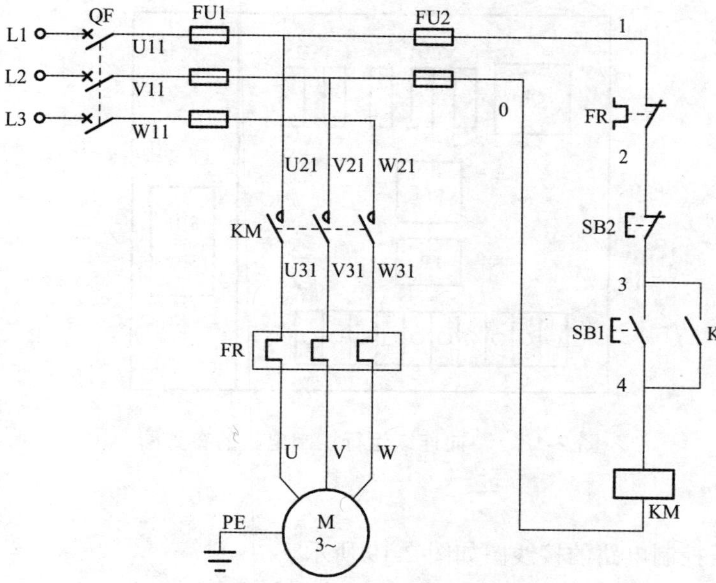

图 2-17　单向连续运行控制电路的工作原理示意图

图 2-17 所示电路的工作原理如下：合上断路器 QF，启动时，按下启动按钮 SB1，接触器 KM 线圈得电，其主触头闭合，电动机启动运转，同时 KM 常开辅助触头闭合自锁；松开 SB1 后，由于接触器 KM 常开辅助触头闭合自锁，控制电路仍保持接通，电动机继续运转；停止时，按下停止按钮 SB2，接触器 KM 线圈断电，其主触头、常开辅助触头断开，电动机停转。

具有按钮和接触器并能自锁的控制电路，还具有欠电压保护与失电压（零电压）保护作用。

欠电压保护：当加在电动机上的电压低于其额定电压值时，流过电动机的电流就会上升，若电压下降严重，电动机可能因过热而烧毁。在具有自锁的控制电路中，当电源电压低于电动机额定电压的 85% 时，接触器线圈电流减小，磁场减弱，产生的电磁吸力不足，动铁心在反作用弹簧的作用下释放，主触头和自锁触头断开，电动机停转，从而对电动机起到欠电压保护作用。

失电压保护：电动机运行时，如遇电路故障或突然停电，在恢复供电时，如果电动机自行启动，很容易造成设备或人身事故。对于具有自锁环节的电路，由于接触器的主触头和自锁触头在停电时已经断开，因而在恢复供电时，控制电路和主电路都不会自行接通，必须重新按下启动按钮，才能使电动机恢复工作。这种在突然断电时能自动切断电动机电源的保护作用叫失电压（或零电压）保护。

此外，该电路还可以通过熔断器实现短路保护，通过热继电器实现过载保护。

2. 布置图

布置图是根据电器元件在控制板上的实际安装位置，采用简化的外形符号（如正方形、矩形、圆形等）而绘制的一种简图。它不表达各电器元件的具体结构、作用、接线情况以及工作原理，主要用于电器元件的布置和安装。图中各电器元件的文字符号必须与电路图和接线图的标志相一致，单向连续运行控制电路的布置图如图 2-18 所示。

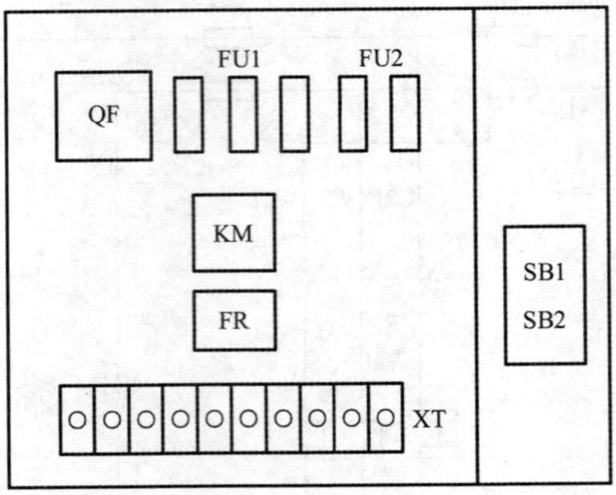

图 2-18 单向连续运行控制电路的布置图

3. 接线图

单向连续运行控制电路的接线图如图 2-19 所示。

布置图、接线图的绘制原则与方法，参见本工作任务群中的“任务四”的“知识拓展”部分。

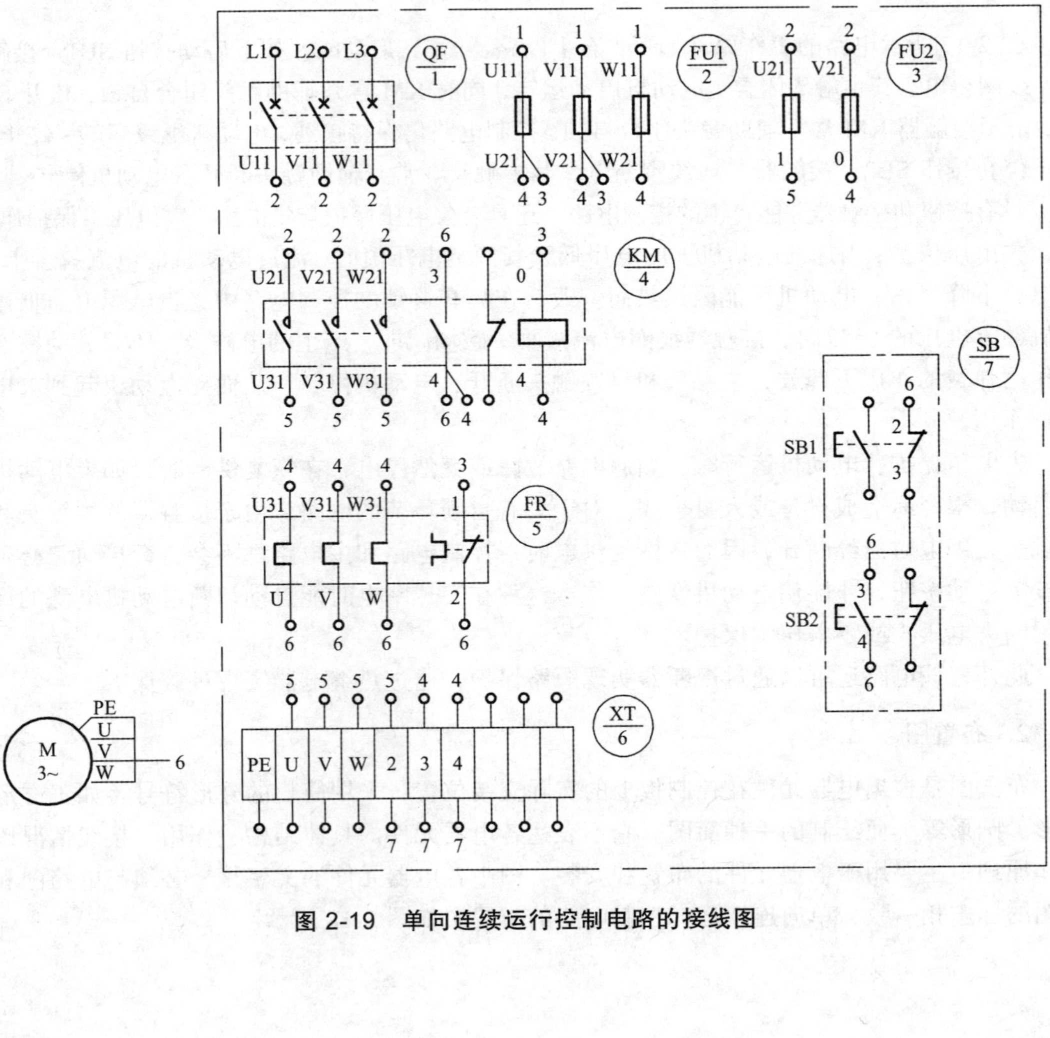

图 2-19 单向连续运行控制电路的接线图

三、器材准备

1. 准备工具及器材

电器元件明细表如表 2-1 所示。

表 2-1　电器元件明细表

序号	名称	型号与规格	单位	数量
1	三相异步电动机	Y112M-4，4 kW，380 V，△接法或自定	台	1
2	组合开关	HZ10-25/3	个	1
3	低压断路器	DZ47-63，380 V，20 A，整定 10 A	个	1
4	熔断器	RT18-32，500 V，配 10 A 和 4 A 熔体	个	5
5	接触器	CJX1-22/22F，线圈电压 380 V，整定电流 20 A	个	1
6	热继电器	LR2-D13，线圈电压 380 V，整定电流 9.6 A	个	1
7	按钮	LA-18，5 A，红色、绿色各 1	个	2
8	端子排	TB1510L，600 V，15 A，10 节或自备	条	1
9	导轨	35 mm × 200 mm		若干
10	木螺钉	ϕ3 mm × 20 mm，ϕ3 mm × 15 mm	个	30
11	塑料硬铜线	BV2.5 mm^2，BV1.5 mm^2（颜色自定）	m	20
12	塑料软铜线	BVR0.75 mm^2（颜色自定）	m	3
13	接地线	BVR1.5 mm^2，黄绿双色	m	若干
14	编码套管	自定	m	若干
15	别径压端子	UT2.5-4，UT1-4	个	20

2. 检查电器元件

（1）检查所用的电器元件的外观是否完整无损，附件、备件是否齐全。

（2）在不通电的情况下，用万用表检查各元器件触头分合情况。

（3）用手同时按下接触器的 3 个主触头，注意要用力均匀，检验操作机构是否灵活，有无衔铁卡阻现象。

（4）检查接触器线圈的额定电压与电源电压是否相符。

四、单向运行控制电路的安装、测试

1. 安装元器件

按照布置图 2-18 安装电器元件，并贴上醒目的文字符号。

安装电器元件的工艺要求如下：

（1）各电器元件的安装位置设计应以整齐、匀称、间距合理和便于更换为原则。

（2）组合开关、熔断器的受电端子应安装在控制板的外侧。

（3）紧固各元器件时，用力要均匀，紧固程度应适当。对熔断器、接触器等易碎裂器件进行紧固时，应用螺钉旋具轮换旋紧对角线上的螺钉，并掌握好旋紧度，手摇不动后再适当旋紧一些即可。

（4）若需要导轨固定器件，应先固定好导轨，并将低压断路器、熔断器、接触器、热继电器等安装在导轨上。

（5）低压断路器的安装应正装，向上合闸为接通电路。

（6）熔断器应安装在电源进线端。

2. 布线

按照图 2-18 进行板前明线布线。板前明线布线的工艺如下：

（1）走线通道应尽量少，同时将并行导线按主电路、控制电路分类集中，单层平行密排，紧贴敷设面。

（2）同一平面上的导线应高低一致或前后一致，不能交叉。若必须交叉时，该根导线应在接线端子引出前就水平架空跨越，并应走线合理。

（3）布线应横平竖直，分布均匀，变换走向时应垂直。

（4）布线时，严禁损伤线芯和导线绝缘层。

（5）布线顺序一般以接触器为中心，由里向外、由低至高，先控制电路、后主电路进行，以不妨碍后续布线为原则。

（6）在每根剥去绝缘层的导线两端套上编码套管。若电路简单可不套编码套管。所有从一个接线端子（桩）到另一个接线端子（桩）的导线必须连续，中间无接头。

（7）导线与接线端子（桩）连接时，应不反圈、不压绝缘层和不露铜过长，同时做到同一元器件、同一回路的不同连接点的导线间距保持一致。

（8）一个接线端子上的连接导线不能超过两根，一般只允许连接一根。

3. 自检电路

安装完毕后的控制电路板，必须经过认真检查后才允许通电试车。

（1）检查导线连接的正确性：按电路图或接线图从电源端开始，逐段核对接线端子处线号是否正确，有无漏接、错接之处；检查导线接点是否符合要求，压接是否牢固。

（2）用万用表检查电路的通断情况：按照表 2-2，用万用表检测安装好的电路，万用表选择合适挡位并进行欧姆调零，如果测量结果与正确值不符，应根据电路图和接线图检查是否有错误接线。

① 检查控制电路，测试结果可参考表 2-2。

表 2-2　单向连续运行控制电路的检测(一)

操作方法	U21—V21	说　明
断开 FU1，常态下不动作任何元件	∞	U21—V21 不通，控制电路不得电
按下按钮 SB1	线圈直流电阻	U21—V21 接通，控制电路 KM 线圈失电
按下接触器可动部分	线圈直流电阻	U21—V21 接通，控制电路 KM 线圈失电
按下接触器可动部分，并按下 SB2	∞	U21—V21 断开，控制电路断电

② 检查主电路，测试结果可参考表 2-3。

表 2-3　单向连续运行主电路的检测(二)

操作方法		正确阻值	测量值	备注
合上 QF，断开 FU2，分别测量接线端子的 L1 与 L2、L2 与 L3 和 L1 之间的电阻值	常态下，不动作任何元器件	均为∞		
	按下 KM 的可动部分	阻值均为 R		

设电动机每相绕组的直流电阻为 R，若电动机绕组为 Y 联结时，按下 KM 的可动部分测量的阻值约为 $2R$，若电动机为△联结时，则阻值约为 $2R/3$。（想一想为什么？）

③ 用绝缘电阻表检查电路的绝缘电阻应不小于 1 MΩ。

4. 接好电动机

按电动机铭牌上要求的绕组联结方式接好电动机。

5. 教师检查

学生自检后，请教师检查，无误后方可连接好三相电源，通电试车。

6. 通电试车

（1）清理好台面。

（2）提醒同组人员注意。

（3）通电试车时，旁边要有教师监护，如出现故障应及时断电，检修并排除故障。若需再次通电，也应有教师在现场进行监护。

（4）试车完毕，要先断开电源后再拆线。

技能训练

工作任务：单向运行控制电路的安装。

任务目标：1. 能辨识单向运行控制电路的各个组成部分。
2. 能用万用表对单向运行控制电路进行检测。
3. 掌握单向运行控制电路的安装要求和方法。
4. 培养遵守实验、实习场地规章制度的意识。

任务实施：

1. 准备工作

（1）人员组织：1 人。

（2）设备组织：单相运行控制电路相关设备。

（3）资料组织：记录本 1 本，记录笔 1 支。

2. 实际操作

（1）人员组织：1 人。

（2）考核时间：45 min。

（3）测评标准：

项目及配分		考核内容及评分标准
作业程序	35 分	1. 辨识单相运行控制电路的各个组成部分。每错一处扣 5 分
		2. 说出每个组成部分的作用。每错一处扣 5 分
质量	50 分	1. 画出单相运行控制电路的电气原理图。每错一处扣 5 分
		2. 正确使用工器具安装单相运行控制电路。每错一处扣 5 分
安全及其他	15 分	1. 未按规定穿戴工作制服和劳保用品。每少一件扣 5 分
		2. 使用万用表不正确，每错一处扣 5 分
		3. 损坏器具或万用表扣 41 分
		4. 每个环节超时 1 min 扣 5 分，超时 5 min 停止考核
合计	100 分	

特别提示

1. 电动机及按钮的金属外壳必须可靠接地。

2. 熔断器和低压断路器接线时，遵循“上进下出”“低进高出”的原则，如图 1-9 所示。（若使用螺旋式熔断器则遵循“低进高出”）

3. 按钮内接线时，要拧紧接线柱上的压紧螺钉，但用力不能过猛，以防止螺钉打滑。

4. 热继电器的整定电流应按电动机的额定电流进行整定，一般情况下，热继电器应置于手动复位的位置上。

5. 热继电器因电动机过载动作后，若需再次启动电动机，必须待热元件冷却后，才能按下复位按钮复位。

任务三　单向运行控制电路的故障检修

知识学习

学习目标：

1. 掌握电动机基本控制电路故障检修的一般步骤和方法。
2. 掌握单向运行控制电路故障检修的技能。

知识要点：

1. 电气控制电路的故障一般可分为自然故障和人为故障两大类。
2. 电气控制电路故障的常用分析方法有：调查研究法、试验法、逻辑分析法和测量法。

一、电动机基本控制电路故障检修的一般步骤和方法

电气控制电路的故障一般可分为自然故障和人为故障两大类。自然故障是由于电气设备在运行时过载、震动、锈蚀、金属屑和油污侵入、散热条件恶化等原因，造成电气绝缘性能下降、触头熔焊、电路接点接触不良，甚至发生接地或短路而形成的。人为故障是由于在安装控制电路时布线、接线错误，在维修电气故障时没有找到真正原因或者修理操作不当，不合理地更换元器件或改动电路而形成的。一旦电路发生故障，轻者会使电气设备不能工作，影响生产；重者会造成人身、设备伤害事故。作为电气操作人员，一方面应加强电气设备日常维护与检修，严格遵守电气操作规范，消除隐患，防止故障发生；另一方面还要在故障发生后，保持冷静，及时查明原因并准确地排除故障。

1. 电气控制电路故障检修的一般步骤

（1）确认故障发生，并分清此故障是属于电气故障还是属于机械故障。

（2）根据电气原理图，认真分析发生故障的可能原因，大概确定故障发生的可能部位或回路。

（3）通过一定的技术、方法、经验和技巧找出故障点。这是检修工作的重点和难点。由于电气控制电路结构复杂多变，故障形式多种多样，因此要快速、准确地找出故障点，要求操作人员既要学会灵活运用“看”（“看”是否有明显损坏或其他异常现象）、“听”（“听”是否有异常声音）、“闻”（“闻”是否有异味）、“摸”（“摸”是否发热）、“问”（“向”有经验的老师傅请教）等检修经验，又要搞懂电路原理，掌握一套正确的检修方法和技巧。

2. 电气控制电路故障的常用分析方法

电气控制电路故障的常用分析方法有：调查研究法、试验法、逻辑分析法和测量法。

（1）调查研究法：就是通过“看”“听”“闻”“摸”“问”，了解明显的故障现象；通过走访操作人员，了解故障发生的原因；通过询问他人或查阅资料，帮助查找故障点的一种常用方法。这种方法效率高，经验性强，技巧性大，需要在长期的生产实践中不断地积累和总结。

（2）试验法：即在不损伤电器和机械设备的条件下，以通电试验来查找故障的一种方法。通电试验一般采用“点触”的形式进行试验。若发现某一电器动作不符合要求，即说明故障范围在与此电器有关的电路中，然后在这部分故障电路中进一步检查，便可找出故障点；有时也可采用暂时切除部分电路（如主电路）的方法，来检查各控制环节的动作是否正常，但必须注意不要随意用外力使接触器或继电器动作，以防引起事故。

（3）逻辑分析法：根据电气控制电路的工作原理、控制环节的动作程序以及它们之间的联系，结合故障现象进行故障分析的一种方法。它以故障现象为中心，对电路进行具体分析，提高了检修的针对性，这样可缩小目标，迅速判断出故障部位，适用于对复杂电路的故障检查。

（4）测量法：利用校验灯、试电笔、万用表、蜂鸣器、示波器等对电路进行带电或者断电测量的一种方法。在利用万用表欧姆挡和蜂鸣器检测电器元件及电路是否断路或短路时，必须切断电源；同时，在测量时要特别注意是否有并联支路或其他电路对被测电路产生影响，以防误判。

电气控制电路的故障检修方法不是千篇一律的，各种方法可以配合使用，但不要生搬硬

套。在一般情况下，调查研究法能帮助我们找出故障现象；试验法不仅能找出故障现象，还能找到故障部位或故障回路；逻辑分析法是缩小故障范围的有效方法；测量法是找出故障点最基本、最可靠和最有效的方法。在实际检修工作中，应做到每次排除故障后，及时总结经验，做好检修记录，作为档案以备日后维修时参考；同时通过对历次故障的分析和检修，采取积极有效的措施，防止再次发生类似的故障。

二、单向运行控制电路的故障检修方法

1. 故障设置

在主电路和控制电路中人为设置电气故障各1处。

2. 教师示范检修

教师进行示范检修时，可把下述检修步骤及要求贯穿其中，直至故障排除：

（1）用试验法来观察故障现象，主要应注意观察电动机的运行情况、接触器的动作和电路的工作情况等，如发现有异常情况，应马上断电检查。

（2）用逻辑分析法缩小故障范围，并在电路图上用虚线标出故障部位的最小范围。

（3）用测量法正确、迅速地找出故障点。

（4）根据故障点的不同情况，采取正确的修复方法，迅速排除故障。

（5）排除故障后通电试车。

3. 学生检修

教师示范检修后，再由教师重新设置2个故障点，让学生进行检修。在学生检修的过程中，教师可进行启发性的示范指导。

4. 整理现场

整理现场，做好检修记录。

技能训练

工作任务：单向运行电路的故障检修。

任务目标：1. 掌握电动机基本控制电路故障检修的一般步骤和方法。

2. 掌握单向运行控制电路故障检修的技能。

3. 培养遵守实验、实习场地规章制度的意识。

任务实施：

1. 准备工作

（1）人员组织：1人。

（2）设备组织：单相运行控制电路故障电路板1块、万用表1块。

（3）资料组织：记录本1本，记录笔1支。

2. 实际操作

（1）人员组织：1 人。

（2）考核时间：30 min。

（3）测评标准：

项目及配分		考核内容及评分标准
作业程序	35 分	1. 辨识单向运行控制电路的各个组成部分。每错一处扣 5 分
		2. 说出故障检修的基本方法。每错一处扣 5 分
质量	50 分	1. 画出单向运行控制电路的电气原理图。每错一处扣 5 分
		2. 正确使用工器具检修单向运行控制电路。每错一处扣 5 分
安全及其他	15 分	1. 未按规定穿戴工作制服和劳保用品，每少一件扣 5 分
		2. 使用万用表不正确，每错一处扣 5 分
		3. 损坏控制电路或万用表扣 41 分
		4. 每个环节超时 1 min 扣 5 分，超时 5 min 停止考核
合计	100 分	

任务四　电动机两地控制电路的认知

知识学习

学习目标：

1. 能正确识读电动机两地控制电路的电气原理图。
2. 掌握电动机两地控制电路的安装与检修方法。
3. 掌握绘制电气安装接线图的基本方法。

知识要点：

1. 在两地或多地同时控制一台电气设备，称为电动机的多地控制。
2. 不同地点的启动按钮并联，不同地点的停止按钮串联。

一、电路分析

图 2-20 所示为电动机两地控制电路。其中 SB1、SB3 为安装在甲地的启动按钮和停止按钮，SB4、SB2 为安装在乙地的启动按钮和停止按钮。

这个电路的特点是：各启动按钮并联在一起，当任一处按下启动按钮后，接触器线圈都能通电；各停止按钮串联在一起，当任一处按下停止按钮后，接触器线圈都能断电。

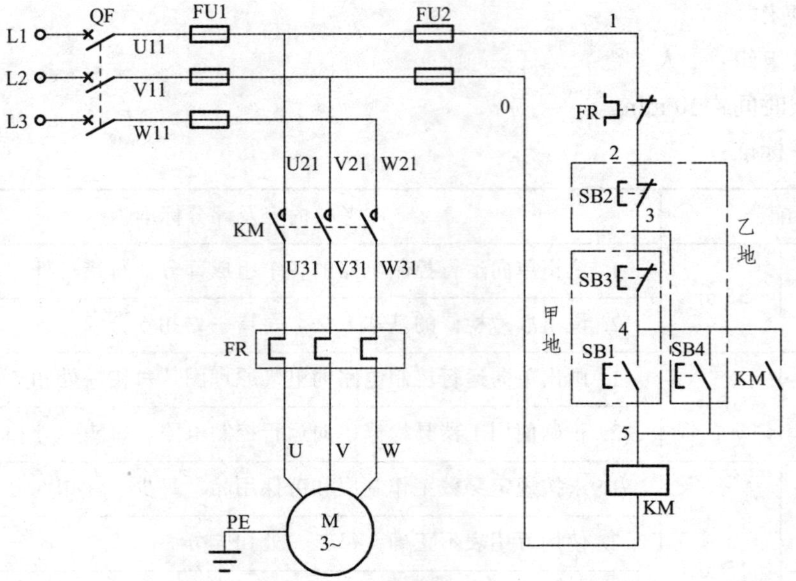

图 2-20 电动机两地控制电路

二、电路的安装与维修

1. 安装电路

让学生在安装好的单向运行控制电路板上进行电动机两地控制电路的安装，自检电路并通电试车。

2. 设置故障

在控制电路和主电路中人为设置电气故障各1处。故障现象为：按 SB1、SB4 按钮电动机都不能启动。

3. 检修故障

学生独立进行检修。在学生检修的过程中，教师可进行启发性的示范指导。排除故障后通电试车。

4. 整理现场

整理现场，做好维修记录。

知识拓展：绘制电气安装接线图

电气安装接线图是表示电气设备的电路连接关系的一种简图。它是根据电气原理图和位置图编制而成的，主要用于电气设备及电气电路的安装接线、检查、维修和故障处理。在实际应用中电气安装接线图通常需要与电气原理图和位置图一起使用。

一、电气安装接线图的绘制规则

电气安装接线图的绘制规则如下：

（1）元器件的电气图形、文字符号应与电气原理图标注完全一致。同一类元器件的各个部件必须画在一起，并用点画线框起来。各元器件的位置应与实际位置一致。

（2）各元器件上凡是需要接线的部件端子都应绘出，控制板内外元器件的电气连接一般要通过端子排进行，各端子的标号必须与电气原理图上的标号一致。

（3）走向相同的多根导线可用单线或线束表示。

（4）接线图中应标明连接导线的规格、型号、根数、颜色和穿线管的尺寸等。

二、电气安装接线图的内容及分类

电气安装接线图应包括项目的相对位置、项目代号、端子号、导线号、导线类型、导线截面积、屏蔽盒导线绞合等，可以单独使用也可以组合使用。

电气安装接线图根据其所表达的内容特点可分为单元接线图、互连接线图、端子接线图、电缆联系图等。

三、电气安装接线图的表示方法

1. 项目的表示方法

接线图中的各个项目（如元件、器件、组件、成套设备等）宜采用简化外形（如正方形、矩形或圆）表示，必要时也可用电气符号表示，电气符号旁要标注代号并与电路图中的标注一致。项目的有关机械特征仅在需要时才画出。

2. 端子的表示方法

设备的引出端子应表示清晰。端子一般用图形符号和端子代号表示。当用简化外形表示端子所在的项目时，可不画端子符号，仅用端子代号表示。如需区分允许拆卸和不允许拆卸的连接时，则必须在图或表中予以注明。

3. 导线的表示方法

导线在单元接线图和互连接线圈中的表示方法有以下两种：

（1）连接线法：两端子之间导线的线条是连续的，如图 2-21（a）所示。用数字标注线号，元器件间用细实线连接表示接线关系。由于器件间连接线数目较多时图面较乱，这种表示方法多用于接线关系简单的电路。

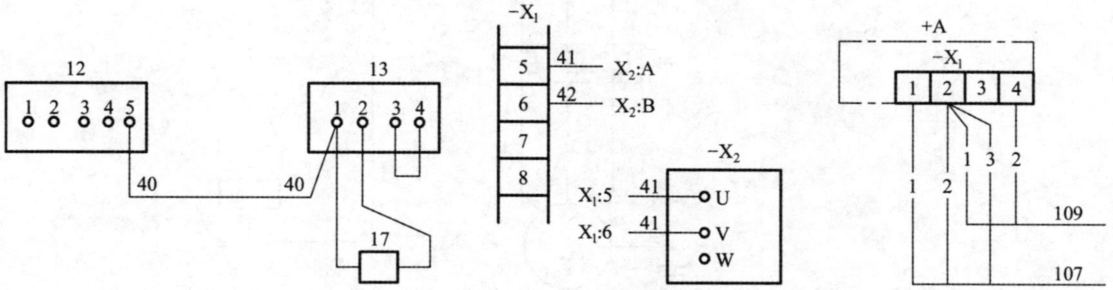

（a）连接线法　（b）中断线法　（c）导线组、电缆、缆形线束等

图 2-21　导线的表示方法

（2）中断线法：两端子之间导线的线条是中断的，在中断处必须标明导线的去向，如图 2-21（b）所示。连接线上（含线侧）标注母线，出线端标注器件编号。导线组、电缆、缆形线束等可用加粗的线条表示，在不至于引起误解的情况下也可部分加粗，如图 2-21（c）所示。当一个单元或成套设备包括几个导线组、电缆、缆形线束时，它们之间的区分标记可采用数字或文字。

四、标注举例

1. 电气安装接线图绘制的简要步骤

绘制电气安装接线图时，一般按以下 4 个步骤进行：

（1）标线号。在原理图上定义并标注每一根导线的线号。主电路线号的标注通常采用字母加数字的方法标注，控制电路线号采用数字标注。标注控制电路线号时，可以将继电-接触器线圈上方或左方的导线标注奇数线号，线圈下方或右方的导线标注偶数线号；也可以按由上到下、由左到右的顺序标注线号。线号标注的原则是每经过一个电器元件，变换一次线号（不含接线端子）。

（2）画元器件框及电气符号。依照安装位置，在接线图上画出元器件电气符号图形及外框。

（3）分配元器件编号。元器件编号用多位数字表示，将元器件编号连同电气符号标注在元器件方框的斜上方（左上角或右上角）。

（4）标注导线的去向和线号。在元器件连接导线的线侧和线端标注线号和导线去向（元器件编号）。

2. 接线图举例

带过载保护的点动控制电路的电气原理图如图 2-22 所示，其电气接线图如图 2-23 所示。

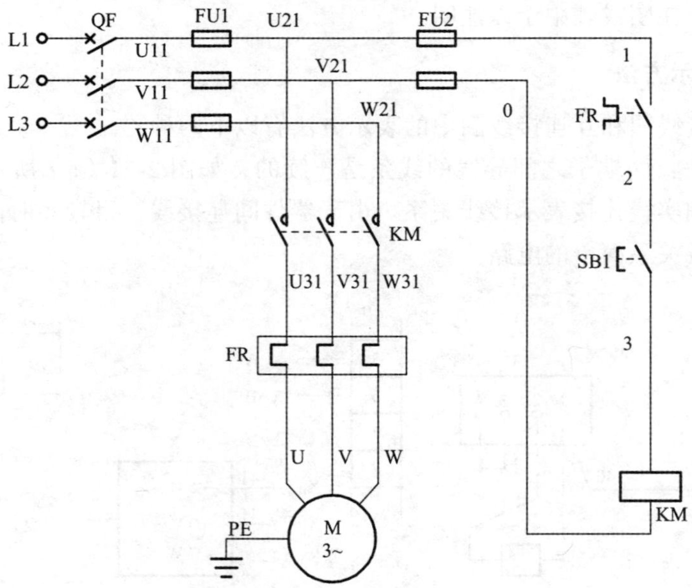

图 2-22 带过载保护的点动控制电路的电气原理图

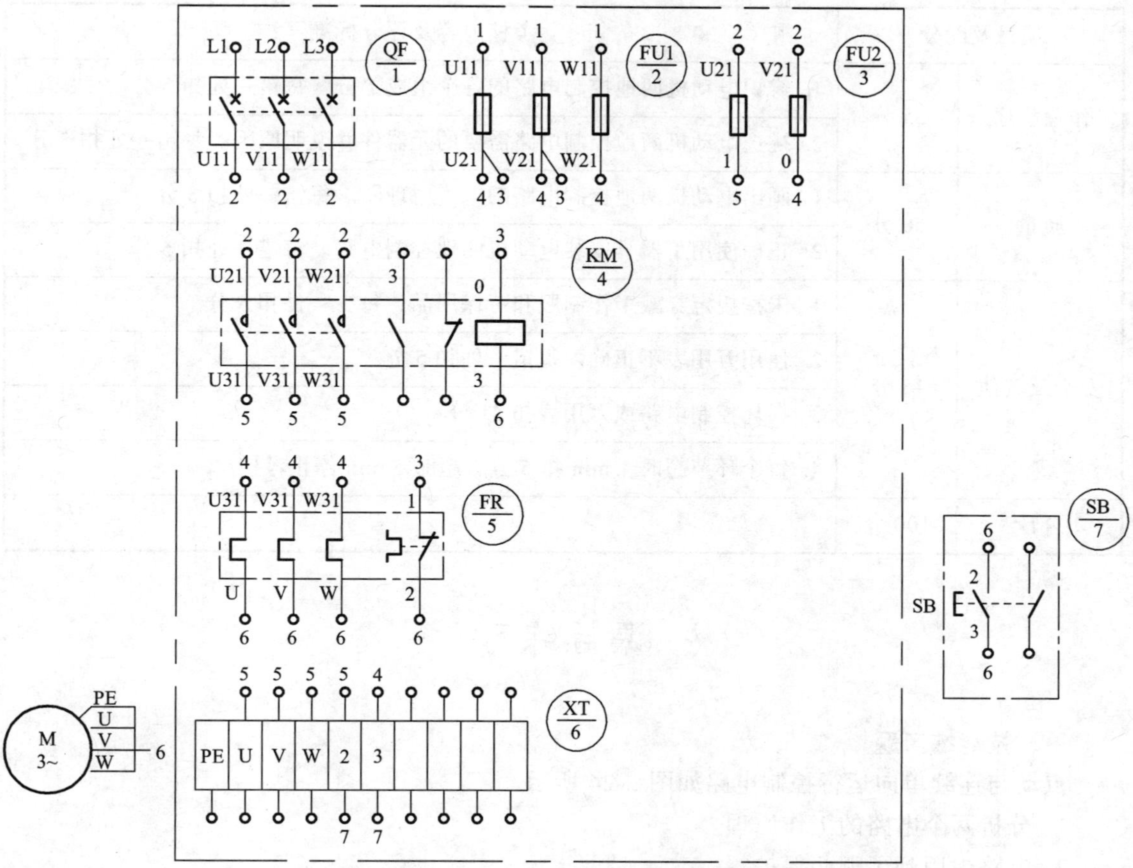

图 2-23　带过载保护的点动控制电路的电气接线图

技能训练

工作任务：电动机两地控制电路的安装与检修。

任务目标：1. 掌握电动机两地控制电路安装检修的一般步骤和方法。

2. 掌握电动机两地控制电路的安装技能和要求。

3. 培养遵守实验、实习场地规章制度的意识。

任务实施：

1. 准备工作

（1）人员组织：2 人。

（2）设备组织：电动机两地控制电路的相关元器件，万用表 1 块。

（3）资料组织：记录本 1 本，记录笔 1 支。

2. 实际操作

（1）人员组织：2 人。

（2）考核时间：35 min。

（3）测评标准：

项目及配分		考核内容及评分标准
作业程序	35 分	1. 辨识电动机两地控制电路的各个组成部分。每错一处扣 5 分
		2. 挑选电动机两地控制电路需要的元器件并说明原因。每错一处扣 5 分
质量	50 分	1. 画出电动机两地控制电路的电气原理图。每错一处扣 5 分
		2. 正确使用工器具安装电动机两地控制电路。每错一处扣 5 分
安全及其他	15 分	1. 未按规定穿戴工作制服和劳保用品，每少一件扣 5 分
		2. 使用万用表不正确。每错一处扣 5 分
		3. 损坏控制电路或万用表扣 41 分
		4. 每个环节超时 1 min 扣 5 分，超时 5 min 停止考核
合计	100 分	

课后练习

一、技能练习题

点动与连续单向运行控制电路如图 2-24 所示。

1. 分析两个电路的工作原理。
2. 电路中用到了哪些保护？
3. 选用元器件并安装这两个电路。

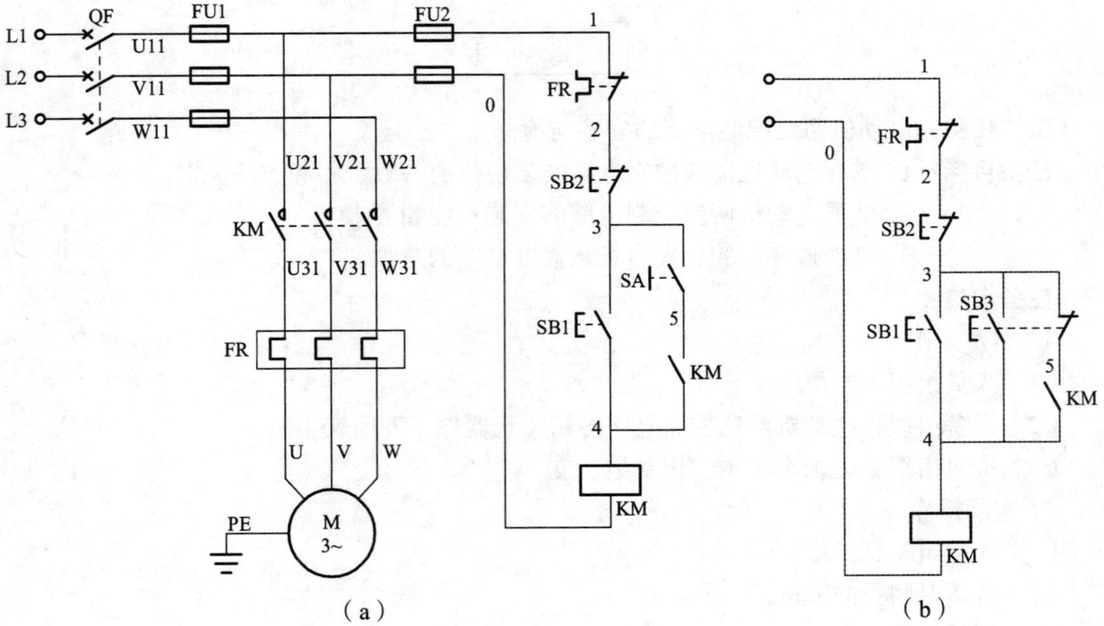

图 2-24　点动与连续单向运行控制电路

二、知识练习题

1. 选择题

（1）按下复合按钮时（　　）。

A. 常开触头先闭合　　B. 常闭触头先断开

C. 常开、常闭触头同时动作　　D. 常开触头先断开

（2）停止按钮应优先选用（　　）。

A. 红色　　B. 白色　　C. 黑色　　D. 绿色

（3）交流接触器的铁心端面安装短路环的目的是（　　）。

A. 减少铁心振动　　B. 增大铁心磁通　　C. 减缓铁心冲击　　D. 减少铁磁损耗

（4）灭弧装置的作用是（　　）。

A. 引出电弧　　B. 熄灭电弧　　C. 使电弧分段　　D. 使电弧产生磁力

（5）（　　）是交流接触器发热的主要部件。

A. 线圈　　B. 铁心　　C. 触头　　D. 衔铁

（6）交流接触器操作频率过高，会导致（　　）过热。

A. 线圈　　B. 铁心　　C. 触头　　D. 短路环

（7）关于接触器，下列说法中不正确的是（　　）。

A. 在静铁心的端面上嵌有短路环　　B. 加一个触头弹簧

C. 触点接触面保持清洁　　D. 在触点上嵌一块纯银块

（8）交流接触器的反作用弹簧的作用是（　　）。

A. 缓冲　　B. 使铁心和衔铁吸合得更紧

C. 使衔铁、主触头复位分断　　D. 都不对

（9）能够充分表达电气设备、电器用途以及电路工作原理的是（　　）。

A. 接线图　　B. 电路图　　C. 布置图　　D. 安装图

（10）同一电器的各元件在电路图中和接线图中使用的图形符号和文字符号要（　　）。

A. 基本相同　　B. 基本不同　　C. 完全相同　　D. 没有要求

（11）接触器的自锁触头是一对（　　）。

A. 常开辅助触头　　B. 常闭辅助触头　　C. 主触头　　D. 常闭触头

（12）在具有过载保护的接触器自锁控制电路中，实现过载保护的电器是（　　）。

A. 熔断器　　B. 热继电器　　C. 接触器　　D. 电源开关

（13）在具有过载保护的接触器自锁控制电路中，实现欠电压和失电压保护的电器是（　　）。

A. 熔断器　　B. 热继电器　　C. 接触器　　D. 电源开关

（14）能在两地或多地控制同一台电动机的控制方式称为电动机的（　　）。

A. 顺序控制　　B. 一地控制　　C. 两地控制　　D. 多地控制

（15）采用多地控制时，多地控制的启动按钮应（　　），停止按钮应（　　）。

A. 串联　　B. 并联　　C. 混联　　D. 既有串联又有并联

2. 判断题

（1）按钮帽做成不同的颜色是为了表明各个按钮的作用。（　　）

（2）接触器自锁触头的作用是保证松开启动按钮后，接触器线圈仍能继续通电。（　　）

（3）接触器自锁控制电路具有欠电压、失电压保护作用。（　　）

（4）交流接触器和直流接触器的铁心上都有短路环，以消除衔铁的振动。（　　）

（5）热继电器既可实现过载保护，又可实现短路保护。（　　）

（6）热继电器的热元件应串接于主电路中，可以实现过载或短路保护。（　　）

3. 图 2-25 所示的控制电路能否正常工作？指出存在的问题，然后加以改正。

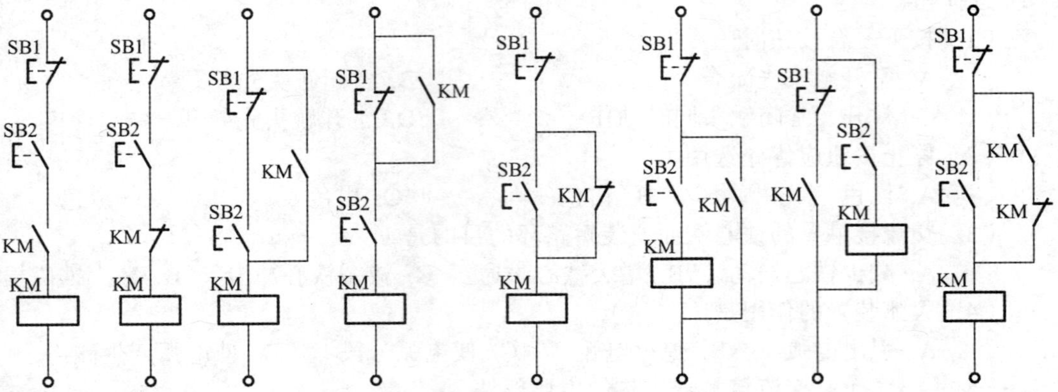

图 2-25 题 3 图

4. 单向连续运行控制电路与点动控制电路的主要区别在哪里？

5. 既然在控制电路的主电路中装有熔断器，为什么还要装热继电器？装热继电器是否就可以不装熔断器？

小知识 巧用低压试电笔

低压试电笔是电工常用的一种辅助安全用具，用于检查 500 V 以下导体或各种用电设备的外壳是否带电。使用低压试电笔之前，必须在已确认带电的物体上验检，在未确认试电笔正常之前，不得使用。

★判断交流电与直流电口诀：（试）电笔判断交直流，交流明亮直流暗，交流氖管通身亮，直流氖管亮一端。

★判断直流电正负极口诀：（试）电笔判断正负极，观察氖管要心细，前端明亮是负极，后端明亮为正极。

工作任务群三

正反转控制电路的安装

单向运行的全压控制线路只能使电动机向一个方向单方向旋转，但不少机械往往要求运动部件可以向正反两个方向运行，如机床工作台的前进与后退、主轴的正转与反转、起重机的提升与下降等，这就要求电动机能够实现正、反转双向运行。一般采用改变电动机电源的相序（即把接入电动机的三相电源进线中的任意两根对换）来达到电动机反向旋转方向的目的。

本工作任务群主要介绍倒顺开关控制的正反转、接触器联锁的正反转、按钮联锁的正反转、按钮接触器双重联锁的正反转控制电路。要求学员能够熟知各种电路中的元器件，各控制电路的工作原理，能根据电路原理图，做好控制电路的布置、安装、检查、测试工作。

任务一　正反转控制电路元器件的认知

知识学习

学习目标：

1. 掌握倒顺开关、限位开关、接近开关的结构、原理、电气符号。
2. 掌握线槽布线的操作工艺。

知识要点：

1. 当改变通入电动机定子绕组的三相电源的相序，即把接入电动机的三相电源进线中的任意两相对调接线时，就可使三相异步电动机反转。
2. 倒顺开关也叫可逆转换开关，有“倒”“顺”“停”三个位置。

一、倒顺开关

倒顺开关也叫可逆转换开关，常见的产品有 HZ3-132 型和 QXI-13N1/4.5 型，它属于组合开关类型，但与一般的组合开关不同。倒顺开关的外形、结构如图 3-1（a）、（b）所示。开关有“倒”“顺”“停”三个位置。倒顺开关正反转控制电路一般用于额定电流在 10 A 以下、功率在 4.5 kW 以下的小容量电动机控制，控制电路如图 3-1（c）所示。操作倒顺开关 QS，电路状态见表 3-1。

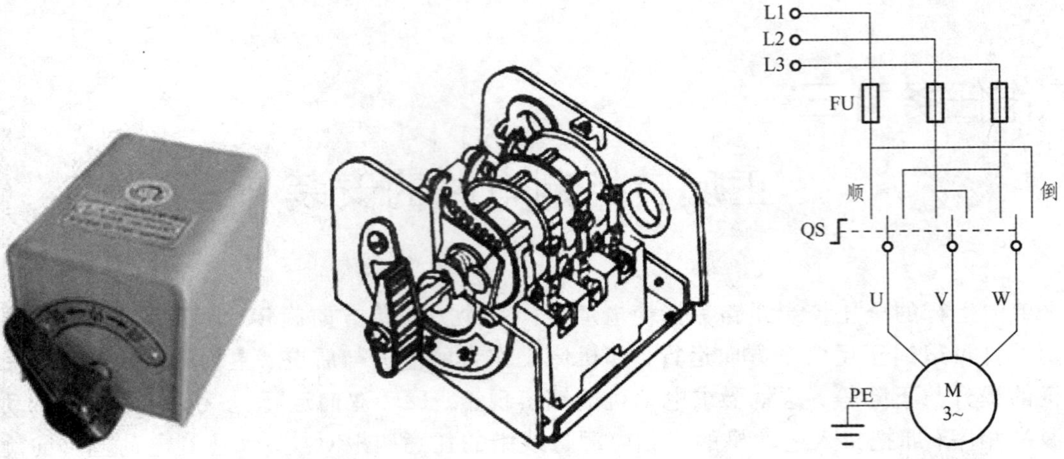

（a）HZ3-132 型倒顺开关　　（b）结构　　（c）控制电路

图 3-1　倒顺开关的外形、结构及控制电路

表 3-1　倒顺开关正反转控制电路状态表

手柄位置	QS 状态	电路状态	电动机状态
停	QS 的动、静触头不接触	电路不通	电动机不转
顺	QS 的动触头和左边的静触头相连接	电路按 L1—U、L2—V、L3—W 接通	电动机正转
倒	QS 的动触头和右边的静触头相连接	电路按 L1—W、L2—V、L3—U 接通	电动机反转

应该注意的是：倒顺开关的手柄只能从“停”位置左转 45° 或右转 45°。当电动机处于正转状态时，要使它反转，应先把手柄扳到“停”的位置，使电动机先停转，然后再把手柄扳到“倒”的位置，使电动机反转。若直接把手柄由“顺”扳到“倒”的位置，电动机的定子绕组会因为电源突然反接而产生很大的反接电流，容易因过热而损坏。

二、倒顺开关正反转控制电路的安装

1. 安装准备

按图 3-1（c）所示选用工具、元器件及导线。

2. 检测元器件

（1）根据电动机的规格检验选配的倒顺开关、熔断器、导线的型号和规格是否满足要求。

（2）检查所用的电器元件的外观是否完整无损，附件、备件是否齐全。

（3）在不通电的情况下，用万用表、绝缘电阻表检测各元器件及电动机的有关技术数据是否符合要求。

3. 安装布线

根据安装电器元件的工艺要求和板前明线布线要求进行安装布线。

4. 连接电动机

按电动机铭牌上要求的绕组联结方式接好电动机。

5. 检查电路，通电试车

自检电路后请教师检查，无误后连接好三相电源。

特别提示

1. 电动机及倒顺开关的外壳必须可靠接地，必须将接地线接到倒顺开关的接地螺钉上，切忌接在开关的罩壳上。

2. 倒顺开关的进出线切忌接错。接线时，应看清开关线端标记，并将 L1、L2、L3 接电源，U、V、W 接电动机。

3. 倒顺开关的操作顺序要正确。

技能训练

工作任务：倒顺开关的认知。

任务目标：1. 能辨识倒顺开关的各个部分。

2. 能用万用表对倒顺开关进行检测。

3. 掌握倒顺开关设备的电气符号，能对倒顺开关进行拆装。

4. 培养遵守实验、实习场地规章制度的意识。

任务实施：

1. 准备工作

（1）人员组织：1 人。

（2）设备组织：各类倒顺开关。

（3）资料组织：记录本 1 本，记录笔 1 支。

2. 实际操作

（1）人员组织：1 人。

（2）考核时间：15 min。

（3）测评标准：

项目及配分		考核内容及评分标准
作业程序	35 分	1. 辨识倒顺开关。每错一处扣 5 分
		2. 说出各类倒顺开关的作用、开关状态。每错一处扣 5 分
质量	35 分	1. 画出倒顺开关设备的电气符号。每错一处扣 5 分
		2. 用万用表对倒顺开关的好坏进行检测。每错一处扣 5 分
安全及其他	30 分	1. 未按规定穿戴工作制服和劳保用品。每少一件扣 5 分
		2. 使用万用表不正确。每错一处扣 5 分
		3. 损坏倒顺开关或万用表扣 41 分
		4. 每个环节超时 1 min 扣 5 分，超时 5 min 停止考核
合计	100 分	

任务二 双重联锁正反转控制电路的安装

知识学习

学习目标：

1. 掌握双重联锁正反转控制电路的基本原理。
2. 掌握双重联锁正反转控制电路布置图、接线图的绘制。
3. 掌握双重联锁正反转控制电路的安装方法和要求。

知识要点：

1. 接触器联锁的正反转控制电路：将实现电动机正反转控制的接触器的常闭触头，串入对方接触器的线圈回路中。要实现反转，必须先停止正转接触器线圈的通电回路，才能接通电动机反转的控制电路（电动机有短暂的停电时间）。同时按下电动机正转、反转的控制按钮，电动机不转。

2. 按钮联锁的正反转控制电路：将复合按钮的常开触头接入本接触器的线圈回路，而将其常闭触头串入对方接触器的线圈回路中。实现正反转时，只需要按下复合按钮即可；同时按下两个复合按钮，电动机不转。操作时，不能频繁按下按钮，以防止因切换不及时而导致电源短路。

3. 按钮接触器双重联锁的正反转控制电路：综合了以上两种控制电路，接线更加复杂，但安全性更高。即使频繁操作按钮也不会导致电源短路。

一、正反转控制电路的工作原理

1. 接触器联锁的正反转控制电路

接触器联锁的正反转控制电路如图 3-2 所示，电路中的低压电器元件有组合开关、熔断器、按钮、交流接触器、热继电器。其中 QF 为电源总开关，熔断器 FU1 为电路总短路保护，熔断器 FU2 为控制电路短路保护，热继电器 FR 为过载保护，接触器 KM1 控制电动机 M 正转时电源的通断，接触器 KM2 控制电动机 M 反转时电源的通断，SB1 为电动机的正转启动按钮，SB2 为电动机的反转启动按钮，SB3 为电动机 M 的停车按钮。

当 KM1 的三副主触头接通时，三相电源按 L1—L2—L3 的相序接入电动机；而当 KM2 的三副主触头接通时，三相电源按 L3—L2—L1 的相序接入电动机。所以，当两个接触器分别工作时，电动机的旋转方向相反。这种控制电路不允许接触器 KM1 和 KM2 同时通电，否则它们的主触头同时闭合，将造成 L1、L3 两相电源短路事故。为此，在正反转控制电路中分别串联了对方接触器的常闭辅助触头。这样当一个接触器得电动作时，其常闭辅助触头断开，使另一个接触器不能得电动作。接触器间的这种相互制约作用称为接触器联锁（或互锁）。实现联锁作用的常闭辅助触头称为联锁触头（或互锁触头）。

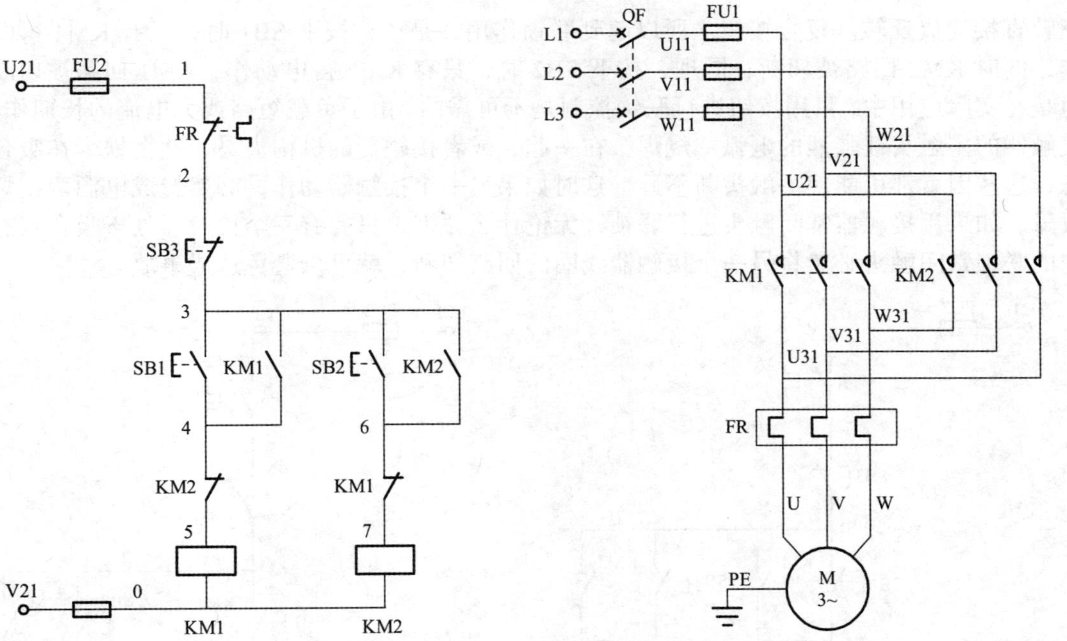

（a）主电路　　　　（b）控制电路

图 3-2　接触器联锁的正反转控制电路

接触器联锁正反转控制电路的动作原理如下：

（1）先合上断路器 QF，正转控制时：

启动：按下SB1→KM1线圈得电→
- KM1常闭触头打开→使KM2线圈无法得电（互锁）
- KM1主触头闭合→电动机M得电正转
- KM1常开触头闭合→实现自锁

停止：按下SB3→KM1线圈断电→
- KM1常闭触头闭合→解除对KM2的互锁
- KM1主触头打开→电动机M停转
- KM1常开触头打开→解除自锁

（2）反转控制时：

启动：按下SB2→KM2线圈得电→
- KM2常闭触头打开→使KM1线圈无法得电（互锁）
- KM2主触头闭合→电动机M得电反转
- KM2常开触头闭合→实现自锁

停止：按下SB3→KM2线圈断电→
- KM2常闭触头闭合→解除对KM1的互锁
- KM2主触头打开→电动机M停转
- KM2常开触头打开→解除自锁

由此可见，通过 SB1、SB2 控制 KM1、KM2 动作，可以改变接入电动机的三相交流电源的相序，也就改变了电动机的旋转方向。但是，在接触器联锁的正反转控制电路中，如果电动机要从正转变为反转，必须先按下停止按钮后才能按反转启动按钮，否则由于接触器的联锁作用，不能实现反转，这种操作显然不方便。而采用按钮联锁的正反转控制电路，利用复合按钮就可以实现正反转的直接切换。

2. 按钮联锁的正反转控制电路

按钮联锁的正反转控制电路如图 3-3 所示，利用复合按钮 SB1、SB2 就可以让电动机由正转直接变成反转。复合按钮之所以起到联锁作用，是由于按下 SB1 时，只有 KM1 得电动作，同时 KM2 回路被切断；同理，按下 SB2 时，只有 KM2 得电动作，KM1 回路被切断。但是在实际应用中，只用按钮进行联锁控制是不可靠的。由于负载短路或大电流的长期作用，接触器的主触头被强烈的电弧“烧焊”在一起，或者接触器的机构失灵，使衔铁卡在吸合状态，这些因素都可能使主触头断不开，这时如果另一个接触器动作，必然造成电源两相短路故障。如果用接触器常闭触头进行联锁，无论什么原因，只要有一个接触器处于吸合状态，它的联锁常闭触头必然将另一个接触器线圈的回路切断，就可以避免造成事故。

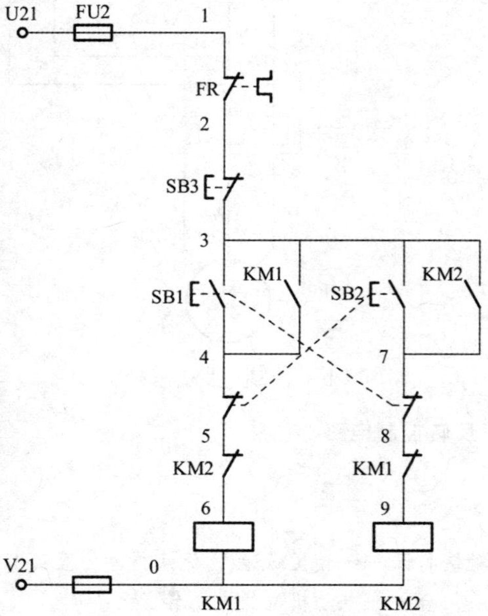

图 3-3 按钮联锁的正反转控制电路

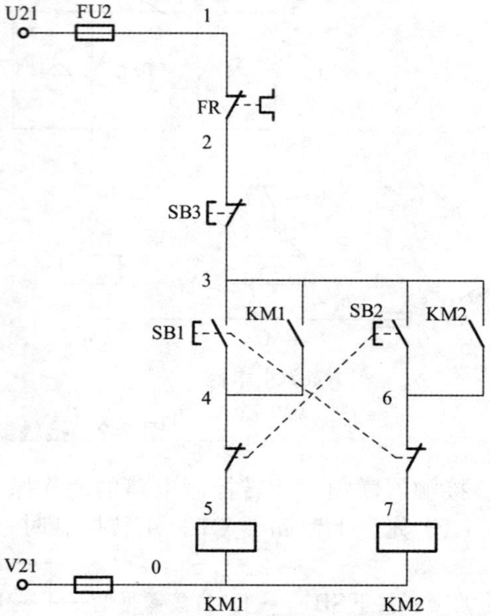

图 3-4 按钮接触器双重联锁的正反转控制电路

3. 按钮接触器双重联锁的正、反转控制电路

将图 3-2 和图 3-3 的优点结合起来就是图 3-4 所示的按钮接触器双重联锁的正反转控制电路。该电路操作方便、安全可靠，应用非常广泛。其工作原理如下：

（1）合上断路器 QF，进行正转控制时：

按下SB1
- → SB1常闭触头先打开 → 对KM2线圈互锁
- → SB1常开触头后闭合 → KM1线圈得电
  - → KM1常闭触头打开 → 对KM2线圈互锁
  - → KM1主触头闭合 → 电动机M正转
  - → KM1常开触头闭合 → 自锁

（2）由正转直接变为反转时：

按下SB2
- → SB2常闭触头先打开 → KM1线圈断电
  - → KM1常闭触头闭合 → 解除互锁
  - → KM1主触头打开 → 电动机M停止正转
  - → KM1常开触头打开 → 解除自锁
- → SB2常开触头后闭合 → KM2线圈得电
  - → KM2常闭触头闭合 → 解除互锁
  - → KM2主触头闭合 → 电动机M反转
  - → KM2常开触头闭合 → 自锁

（3）若要停止，按下 SB3，整个控制电路断电，主触头分断，电动机 M 断电停转。

二、器材准备

1. 电器元件明细表

识读按钮接触器双重联锁的正反转控制电路的电气原理图，熟悉电路所用电器元件的作用和电路的工作原理。所用工具、设备参见表 1-3，所用电器元件见表 3-2。

表 3-2　电器元件明细表

序号	名　称	型号与规格	单位	数量
1	三相异步电动机	Y112M-4，4 kW，380 V，△接法或自定	台	1
2	组合开关	HZ10-25/3	个	1
3	低压断路器	DZ47-63，380 V，20 A，整定 10 A	个	1
4	熔断器	RT18-32，500 V，配 10 A 熔体	个	3
5	熔断器	RT18-32，500 V，配 4 A 熔体	个	2
6	交流接触器	CJX1-22/22F，线圈电压 380 V，20 A	个	1
7	热继电器	LR2-D13，线圈电压 380 V，整定电流 9.6 A	个	1
8	按钮	LA-18，5 A，红色、绿色各 1	个	2
9	端子排	TB1510L，600 V、15 A、10 节或配套自备	条	1
10	导轨	35 mm × 200 mm		若干
11	木螺钉	直径 3 mm × 20 mm	个	30
12	塑料硬铜线	BV 1.5 mm^2，BV 1 mm^2（颜色自定）	m	若干
13	塑料软铜线	BVR 0.75（颜色自定）	m	若干
14	接地线	BVR 1.5，黄绿双色	m	若干
15	编码套管	自定	m	若干
16	别径压端子	UT2.5-4，UT1-4	个	20

2. 检测元器件

按表 3-2 配齐所用电器元件，并进行质量检验。电器元件应完好无损，各项技术指标符合规定要求，否则应予以更换。

三、双重联锁正反转控制电路的安装、测试

1. 绘制布置图

根据电路图画出布置图，可参考图 3-5。

2. 绘制接线图

接线图可参考图 3-6。

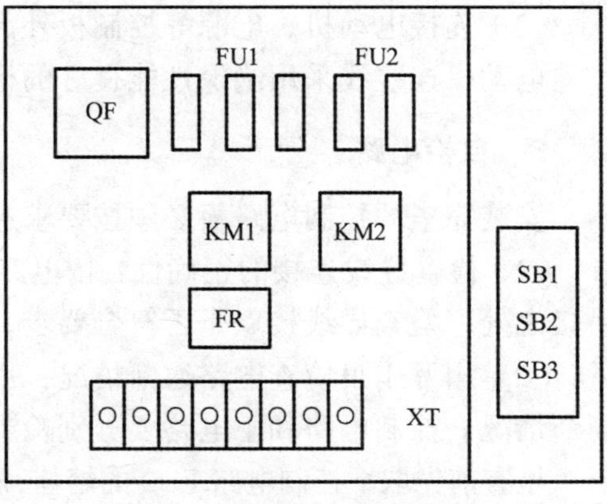

图 3-5　双重联锁正反转控制

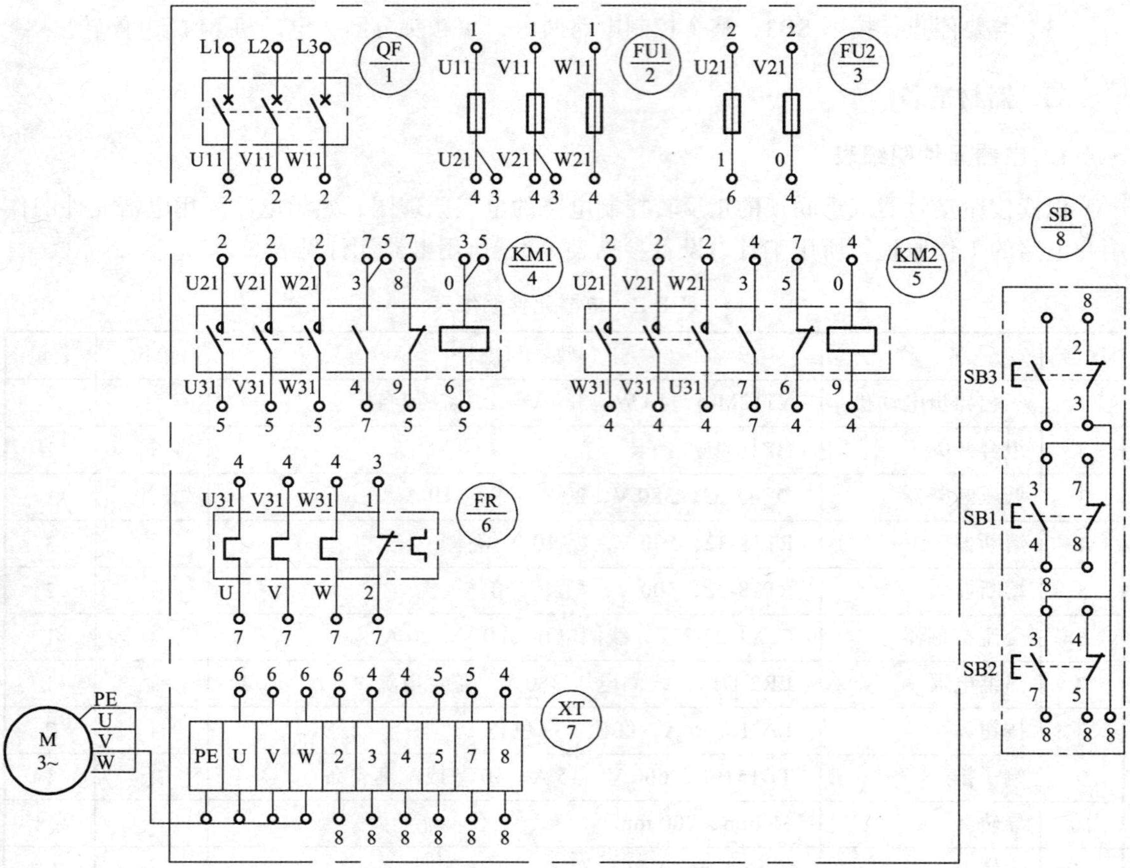

图 3-6 双重联锁正反转控制电路接线图

3. 安装、接线

安装电器元件的工艺要求和板前明线布线的工艺要求同“工作任务群二”中的要求。

4. 安装电动机

（1）安装电动机要做到牢固平稳，以防止在换向时产生滚动而引起事故。
（2）连接电动机和按钮金属外壳的保护接地线。
（3）连接电动机、电源等控制板外部的导线。
电动机连接线采用绝缘性能良好的橡皮线并进行通电校验。

5. 自检电路

安装完毕的控制电路板必须按要求进行认真检查，确保无误后才允许通电试车。

（1）检查导线连接的正确性：按电路图、接线图从电源端开始，逐段核对接线有无漏接、错接之处，检查导线接点是否符合要求，压接是否牢固，以免带负载运行时产生闪弧现象。

（2）用万用表检查电路通断情况：用手动操作来模拟触头分合动作，用万用表检查电路通断情况。控制电路和主电路要分别检查。

检查前先取下控制电路 FU2 的熔体，断开控制电路和主电路。检查控制电路时可参见表 3-3。

表 3-3　双重联锁正反转控制电路的检测

项　目	U21—V21 电阻	说　明
断开电源和主电路	∞	U21—V21 不通，控制电路不得电
合上 QF，按下 SB1	线圈直流电阻	U21—V21 接通，控制电路 KM1 线圈得电
按下接触器 KM1 可动部分	线圈直流电阻	U21—V21 接通，控制电路 KM1 线圈能自锁
按下按钮 SB2	线圈直流电阻	U21—V21 接通，控制电路 KM2 线圈得电
按下接触器 KM2 可动部分	线圈直流电阻	U21—V21 接通，控制电路 KM2 线圈能自锁
按下接触器 KM1 可动部分，并按下 SB3	∞	U21—V21 断开，正转时按 SB3 电动机停转
按下接触器 KM2 可动部分，并按下 SB3	∞	U21—V21 断开，反转时按 SB3 电动机停转

检查主电路时，用万用表分别测量断路器 QF 下面的接线端 U11—V11、V11—W11、W11—U11 之间的电阻，均应为断路（$R\to\infty$）。若某次测量结果为短路（$R\to 0$），说明所测两相之间的接线有短路现象；若某次测量结果为断路（$R\to\infty$），说明所测两相之间的接线有断路情况。应仔细检查，找出短、断路点，并排除故障。结果可参见表 3-4。

表 3-4　双重联锁正反转控制主电路的检测

项　目	U11—V11 电阻	V11—W11 电阻	W11—U11 电阻
合上 QF，未做其他操作	∞	∞	∞
按下接触器 KM1 的可动部分	R	R	R
按下接触器 KM2 的可动部分	R	R	R

6. 通电试车

通过上述的各项检查，发现电路完全合格后，清点工具材料，清除安装板上的线头杂物，检查三相电源，将热继电器按照电动机的额定电流整定好，在一人操作、一人监护的情况下通电试车，具体步骤为：

（1）连接好电源。

（2）提醒同组人员注意。

（3）通电试车，如出现故障应马上按下急停按钮，重新检测，排除故障。

（4）通电试车后，断开电源，先拆除三相电源线，再拆除电动机负载线。配电板上的电路不拆，待故障检修训练使用。

四、双重联锁正反转控制电路的检修

1. 故障设置

在主电路和控制电路中人为设置电气故障各 1 处。

2. 教师示范检修

进行示范检修时，可把下述检修步骤及要求贯穿其中，直至故障排除：

（1）用试验法来观察故障现象。主要注意观察电动机的运行情况、接触器的动作和电路的工作状况等，如发现有异常情况，应马上断电检查。

（2）用逻辑分析法缩小故障范围，并在电路图上用虚线标出故障部位的最小范围。

（3）用测量法正确、迅速地找出故障点。

（4）根据故障点的不同情况，采取正确的修复方法，迅速排除故障。

（5）排除故障后通电试车。

3. 学生检修

教师示范检修后，再由教师重新设置 2 个故障点，让学生进行检修。在学生检修的过程中，教师可以进行启发性的示范指导。

4. 整理现场

整理现场，做好维修记录。

特别提示

1. 在通电试验时，必须注意人身和设备的安全。要遵守安全操作规定，不得随意触动带电部位，要尽可能在切断电源的情况下进行检测，以免发生不良后果。

2. 用电阻测量方法检查故障时，一定要先切断电源。测量高电阻电器元件时，要将万用表的电阻挡转换到适当挡位。所测电路若与其他电路并联时，必须将并联电路断开，否则所测电阻值不准确。用测量法检查故障点时，一定要保证各种测量工具和仪表完好、使用方法正确，还要注意防止感应电（电磁感应产生的电压或电流）、回路电（控制本支路的开关等元件并未动作，由其他回路或支路的电流在该支路上产生的电压或电流）以及其他并联支路的影响，以免产生误判断。

3. 在查找故障点和修复故障时，应注意不能把找出的故障点作为寻找故障的终点，还必须进一步分析查明产生故障的根本原因。

4. 通电试车时，要在教师的监护下进行，必须注意人身和设备安全，严格遵守安全操作规程，不得随意触动带电部分。

5. 清理现场时，要先断开电路板电源开关，再断开总电源开关；整理电气电路，将检修过程涉及的各接线点重新紧固一遍；各导线整理规范美观；将板面的绝缘皮、废弃的线头等杂物清理干净；最后将电工工具、仪表和材料整齐摆放在桌面，清扫地面。

技能训练

工作任务：双重联锁正反转控制电路的安装。

任务目标：1. 能辨识双重联锁正反转控制电路的各个部分。

2. 能用万用表对双重联锁正反转控制电路的设备进行检测。

3. 掌握双重联锁正反转控制电路的电气原理图。

4. 培养遵守实验、实习场地规章制度的意识。

任务实施：

1. 准备工作

（1）人员组织：1 人。

（2）设备组织：双重联锁正反转控制电路相关设备。

（3）资料组织：记录本 1 本，记录笔 1 支。

2. 实际操作

（1）人员组织：2 人。

（2）考核时间：100 min。

（3）测评标准：

项目及配分		考核内容及评分标准
作业程序	20 分	1. 辨识双重联锁正反转电路的设备名称。每错一处扣 5 分
		2. 说出各设备的作用和构成。每错一处扣 5 分
质量	60 分	1. 画出双重联锁正反转控制电路的电气原理图。每错一处扣 5 分
		2. 安装连接双重联锁正反转控制电路。每错一处扣 5 分
安全及其他	20 分	1. 未按规定穿戴工作制服和劳保用品。每少一件扣 5 分
		2. 使用万用表不正确。每错一处扣 5 分
		3. 损坏设备或万用表扣 41 分
		4. 每个环节超时 1 min 扣 5 分，超时 5 min 停止考核
合计	100 分	

任务三　工作台自动往返控制电路的安装

知识学习

学习目标：

1. 掌握行程开关、接近开关的电气符号、结构、原理及作用。
2. 掌握工作台自动往返控制电路的工作原理及电气原理图。

知识要点：

1. 行程开关又称限位开关，是一种根据运动部件的行程位置切换电路的电器，其上有常开触头、常闭触头，将其接入电路中，可实现电动机的正反转自动切换，也可以实现电动机的自动停转。

2. 行程开关的基本结构由触头系统、操作机构和外壳等组成。

3. 当实现工作台的往复运动时，除了设置实现电动机正反转自动切换的行程开关外，还应在工作台运动到的终端位置设置限位开关，并将其常闭触头与控制回路中接触器的线圈相串联，这样可以有效防止工作台的掉落。

一、行程开关

行程开关又称限位开关，用于控制机械设备的行程及进行限位保护。在实际生产中，将行程开关安装在预先安排的位置，当安装于生产机械运动部件上的模块撞击行程开关时，行程开关的触头动作，实现电路的切换。因此，行程开关是一种根据运动部件的行程位置切换电路的电器，它的作用原理与按钮类似。行程开关广泛用于各类机床和起重机械，用以控制其行程、进行终端限位保护。在电梯的控制电路中，还利用行程开关来控制开关轿门的速度，实现自动开关门以及轿厢的上、下等限位保护。

行程开关的种类很多，按其结构可以分为直动式、滚轮式、微动式和组合式；按其触头的性质可以分为有触头式和无触头式。

1. 行程开关的外形、结构及电气符号

各种行程开关的基本结构大体相同，都是由触头系统、操作机构和外壳等组成。图 3-7 所示为常见的几种行程开关的外形，图 3-8 所示为直动式行程开关的结构和电气符号。

（a）LX19 系列

（b）LX5 系列

（c）LXW8 系列微动开关

图 3-7　常见的几种行程开关的外形

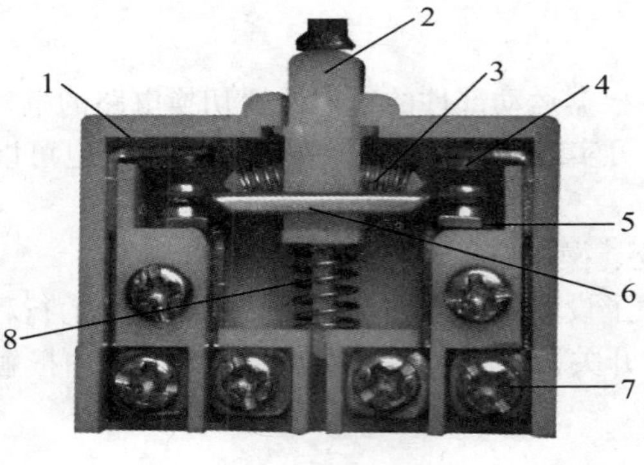

（a）结构

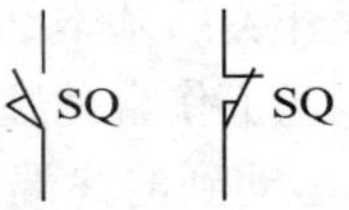

（b）电气符号

1—外壳；2—推杆；3—弹簧；4—常开触头；5—常闭触头；6—桥式动触头；7—接线桩；8—反力弹簧。

图 3-8　直动式行程开关的结构和电气符号

2. 行程开关的检测

行程开关的常开触头、常闭触头的检测方法与按钮的常开触头、常闭触头的检测方法相同。直动式行程开关触头的检测方法如图 3-9 所示，观察触头的通断情况。

（a）推杆未按下　　　　（b）推杆按下

图 3-9　行程开关触头的检测

（1）万用表选择 ×100 或者 ×1 k 挡，并进行欧姆调零。

（2）将触头两两测量查找，未按下推杆时阻值为 ∞ 而按下推杆时阻值为 0 的一对为常开触头；相反，不按推杆时阻值为 0 而按下推杆时阻值为 ∞ 的一对为常闭触头。

3. 行程开关的选择

行程开关主要根据动作要求、安装位置及触头数量来选择。

二、自动往返控制电路的工作原理

在机械设备中，如组合机床、铣床的工作台、高炉的加料设备等都需要在一定距离内能自动往返，以使工件能连续加工。工作台自动往返控制电路如图 3-10 所示。

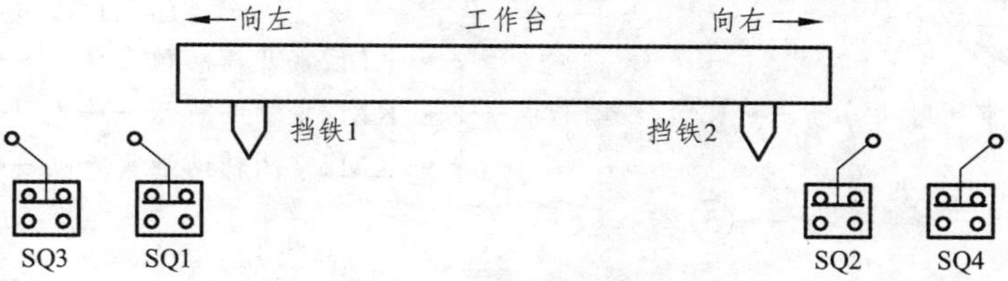

（a）工作循环示意图

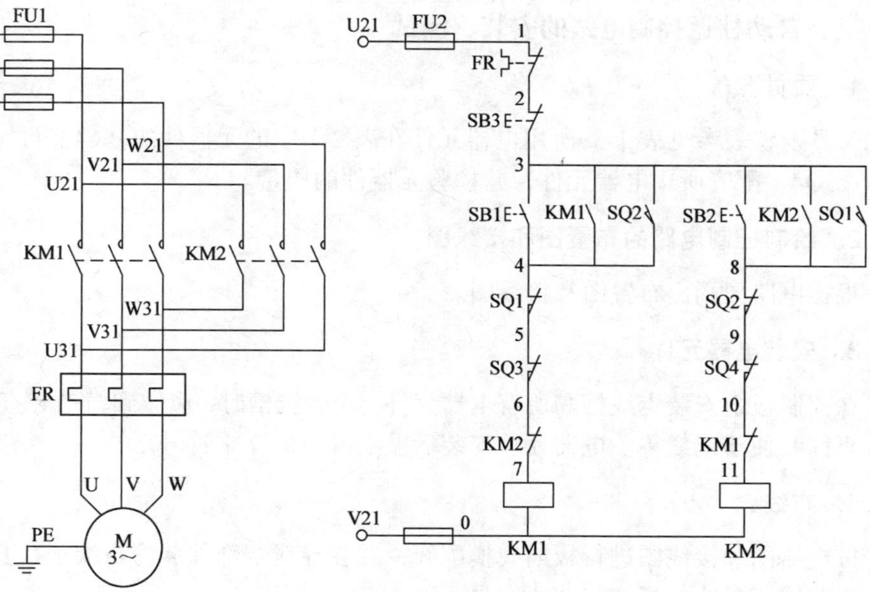

（b）工作原理示意图

图 3-10　自动往返控制电路

用行程开关进行自动往返控制，是在按钮接触器双重联锁控制电路的基础上，增加四个行程开关。其中 SQ1、SQ2 使用常开、常闭触头，用来发出到位返回信号；SQ3、SQ4 使用常闭触头，安装在运动部件两个方向的极限位置上，进行限位保护，只在 SQ1、SQ2 失去作用，造成电路失控时才起保护作用。

工作台自动往返控制电路的动作原理如下：

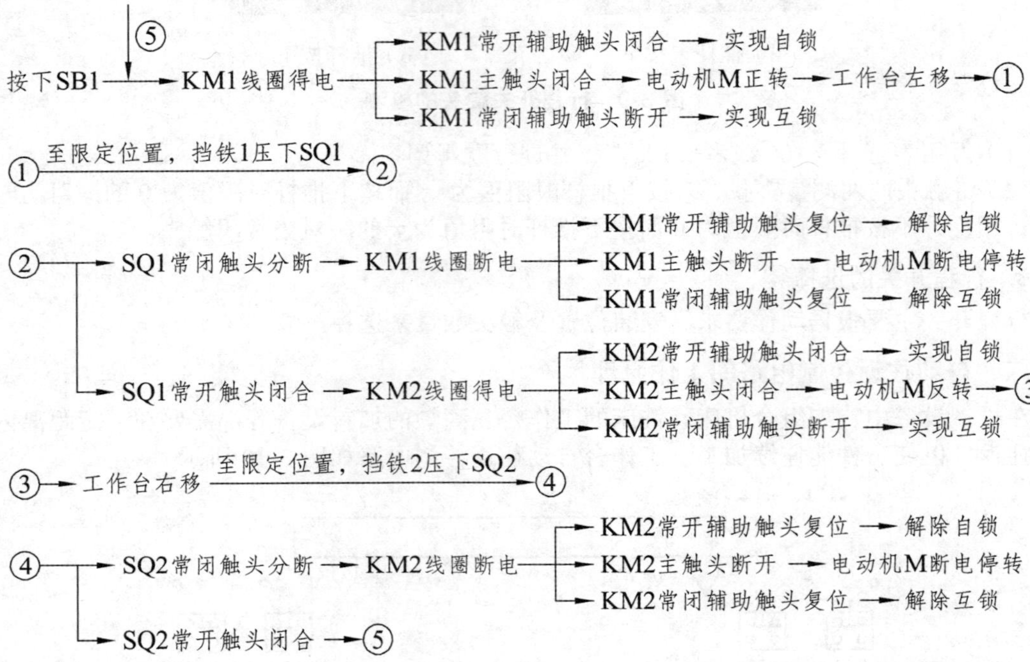

当按下停止按钮 SB3，全部控制电路断电，接触器的触头释放，电动机 M 断电停转。

三、自动往返控制电路的安装、测试

1. 器材准备

工具及仪表参见表 1-3,所用电器元件在表 2-1 中的元器件的基础上再增加 4 个行程开关 SQ1 ~ SQ4。配齐所用电器元件，并检验元器件的质量。

2. 绘制控制电路的布置图和接线图

根据电路图画出布置图和接线图。

3. 安装电器元件

在控制板上安装走线槽和所有电器元件。安装线槽时，应做到横平竖直、排列整齐匀称、安装牢固和便于走线等。电器元件安装后贴上醒目的文字符号。

4. 布线

按电路图和接线图进行板前线槽配线，并在导线端部加装冷压端子、套上编码套管。

板前线槽配线的具体工艺要求是：

（1）严禁损伤线芯和导线绝缘层。

（2）以水平中心线为界线，在水平中心线以上的接线端子引出的导线，必须进入元器件上面的走线槽；在水平中心线以下的接线端子引出的导线，必须进入元器件下面的走线槽。任何导线都不允许从水平方向进入走线槽内。

（3）各电器元件接线端子上引出或引入的导线，除了间距很小和元器件的机械强度很差允许直接架空敷设外，其他导线必须经过走线槽进行连接。

（4）进入走线槽内的导线要完全置于走线槽内，并尽可能避免交叉，装线不要超过走线槽容积的 70%，以保证能盖上线槽盖，便于以后的装配及维修。

（5）各电器元件与走线槽之间的外露导线，应尽可能做到横平竖直，变换走向时要垂直走线。同一个元件上位置一致的端子和同型号电器元件中位置一致的端子上引出或引入的导线，要敷设在同一平面上，并应做到高低一致或前后一致，不得交叉。

（6）所有接线端子、导线线头都应套上与电路图上相应接点线号一致的编码套管，并按线号进行连接，且连接必须牢靠，不得松动。

（7）在任何情况下，接线端子必须与导线截面积和材料性质相适应。当接线端子不适合连接软线或较小截面积的软线时，可以在导线端头穿上针形或叉形轧头并压紧。

（8）一般一个接线端子只能连接一根导线，如果采用专门设计的连线端子，则可以连接两根或多根导线，但导线的连接方式必须是公认的、在工艺上成熟的方式，如夹紧、压接、焊接、绕接等，并应严格按照连接工艺的工序要求进行。

5. 检查接线的正确性

根据电路图检验控制板内部布线的正确性。

6. 安装电动机

可靠连接电动机和各电器元件金属外壳的保护接地线，同时连接电动机、电源等控制板外部的导线。

7. 自检电路、通电试车

按电路图或接线图，从电源端开始，逐段核对接线有无漏接、错接之处，检查导线接点是否符合要求、压接是否牢固，以免带负载运行时产生闪弧现象。用万用表电阻挡检查控制电路和主电路的通断情况。

电路的检测和通电试车可参照本工作任务群的任务二。控制电路的检测结果填入表 3-5，主电路的检测结果填入表 3-6。

表 3-5　自动往返控制电路的检测

项　目	U21—V21 间的电阻	说　明
断开电源和主电路	∞	U21、V21 不通，控制电路不得电
合上 QF，按下按钮 SB1		

表 3-6 自动往返主电路的检测

项　目	U11—V11 间的电阻	V11—W11 间的电阻	W11—U11 间的电阻
合上 QF，未做其他操作	∞		
按下接触器 KM1 的可动部分			
按下接触器 KM2 的可动部分			

特别提示

1. 行程开关可以先安装好。行程开关必须牢固安装在合适的位置上。

2. 通电校验时，先手动行程开关，以试验各行程控制和终端保护动作是否正常可靠。若在电动机正转（工作台向左运动）时，压下行程开关 SQl，电动机不反转且继续正转，则可能是由于 KM1 的主触头接线不正确引起的，需断电进行纠正后再试，以防止发生设备事故。

3. 安装训练应在规定时间内完成，同时要做到安全操作和文明生产。

知识拓展：无触点开关

一、接近式位置开关

接近式位置开关是一种非接触式的位置开关，简称接近开关。它由感应头、高频振荡器、放大器和外壳组成。当运动部件与接近开关的感应头接近时，接近开关便输出一个电信号。

1. 接近式位置开关的外形和电气符号

接近式开关的外形与电气符号如图 3-11 所示。

常用的电感型接近开关型号有 LJ1、LJ2 等系列，电容型接近开关型号有 LXJ15、TC 等系列。

（a）外形

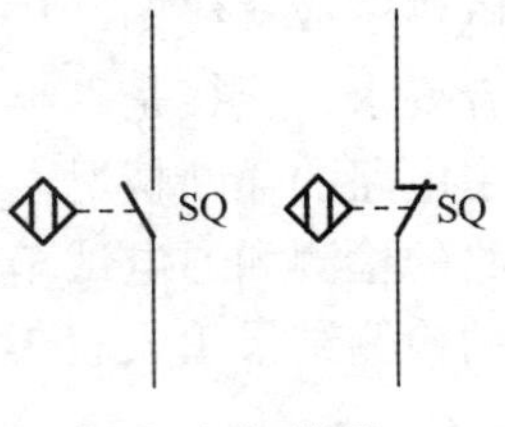

（b）电气符号

图 3-11 接近式位置开关的外形与电气符号

2. 接近式位置开关的分类和工作原理

接近式位置开关按工作原理不同分为高频振荡型、超声波型、电容型、电感型、永磁型、霍尔元件型与磁敏元件型、晶体管输出型等；按电源种类不同，又分为交流和直流两大类，而交流又分为二线制、五线制，直流又分为二线制、三线制、四线制和模拟量输出型。其中晶体管输出型有 NPN 和 PNP 两种。按外形不同，接近式位置开关又分为方形、圆形、槽形和分离型等多种。

电感型接近式位置开关的感应头是一个具有铁氧体磁心的电感线圈，只能用于检测金属体。这种接近式开关的组成框图如图 3-12 所示。振荡器在感应头表面产生一个交变磁场，当金属块接近感应头时，金属中产生的涡流吸收了振荡的能量，使振荡减弱以至于停振。因此振荡器产生振荡和停振两种信号，经整形放大后转换成二进制的开关信号，从而起到“开”“关”的控制作用。

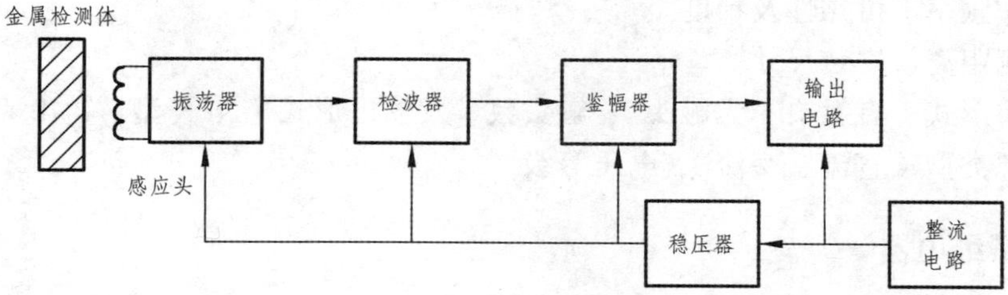

图 3-12　电感型接近式位置开关的组成框图

电容型接近式位置开关的感应头是一个圆形平板电极，与振荡电路的地线形成一个分布电容，当有导体或其他介质接近感应头时，电容量增大而使振荡器停振，经整形放大后输出电信号。电容型接近式位置开关既能检测金属，又能检测非金属及液体。

接近式位置开关以其体积小、寿命长、工作可靠、定位精度高、操作频率高并且能适应恶劣工作环境而得到广泛应用。除了用于限位保护和行程控制外，还可用于检测物体的存在、高速计数、测速、液位控制、定位、变换运动方向、检测零件尺寸及用作无触点按钮等，在很大范围内取代了机械式行程开关。

3. 接近式位置开关的接线

一般在接近式开关器件上有图示，接线时按照元件上的图示进行即可。图 3-13 所示是常见的接近式位置开关的接线图。

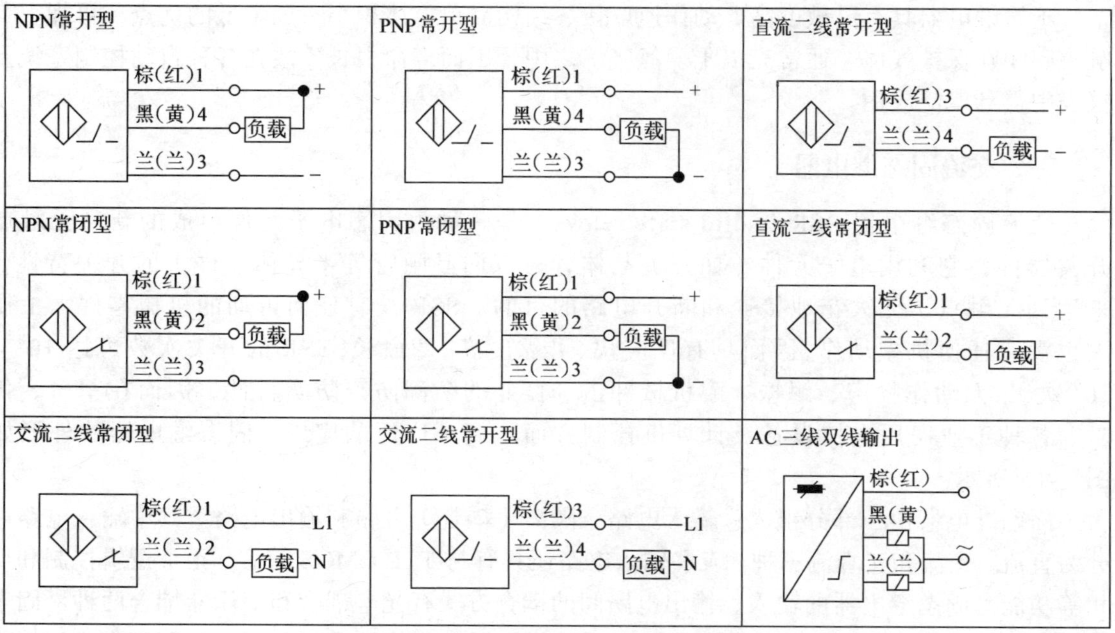

图 3-13　电感型接近式位置开关接线图

4. 接近式位置开关的选择

选择接近式位置开关可按以下几个参数进行：

（1）工作频率、可靠性及精度。

（2）检测距离、安装尺寸。

（3）触头形式（有触头、无触头）、触头数量及输出形式（NPN 型、PNP 型）。

（4）电源类型（直流、交流）、电压等级。

二、干簧继电器

干簧继电器由线圈和舌簧管组成。当线圈通电后，产生的磁场使导磁材料做成的舌簧管内的舌簧片磁化，在磁化力的作用下两个舌簧片相碰，触头接通；线圈断电后，舌簧片本身的弹性又使触头断开，电路切断。干簧继电器的工作原理如图 3-14 所示。由于舌簧片的接点面积较小，因此触头允许通过的电流较小。

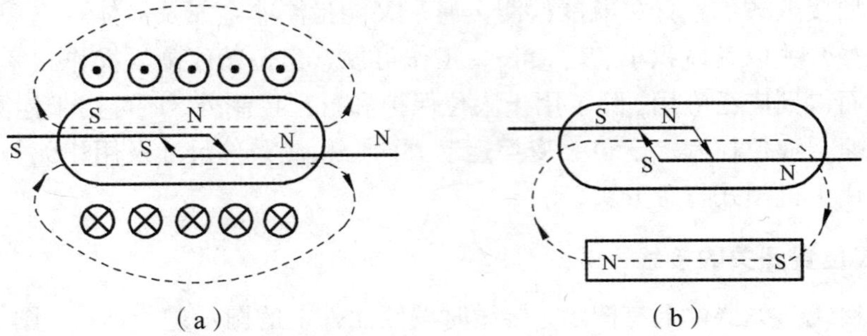

图 3-14 干簧继电器的工作原理

干簧继电器具有灵敏度高、动作速度快、结构简单、体积小、成本低的优点，再加上其触头密闭在保护气体（通常充以干燥氮气）之中，因而寿命很长，故在各种自动控制系统及仪表中得到广泛应用。

三、交流固态继电器

交流固态继电器 SSR（solid state releys）是一种由固态电子元件组成的新型无触点开关器件，它利用电子元件（如开关晶体管、双向晶闸管等半导体器件）的开关特性，来达到无触点、无火花地接通和断开电路的目的。SSR 没有任何可动的机械零件，工作中也没有任何机械动作，因而具有反应快、可靠度高、寿命长（SSR 的开关次数可达 10^8 ~ 10^9 次）、无动作噪声、耐振、耐机械冲击、良好的防潮防霉防腐特性，因而在军事、化工、各种工业民用电控设备及计算机控制方面得到了广泛的应用。固态继电器的外形如图 3-15 所示。

固态继电器由三部分组成：输入电路、隔离（耦合）电路和输出电路。其中输入电路可分为直流、交流和交直流三种。有些输入电路还具有与 TTL/CMOS 兼容、正负逻辑控制和反相等功能。固态继电器的输入、输出电路间的耦合方式有光电耦合和变压器耦合两种。固态继电器的输出电路也可分为直流、交流和交直流三种。交流输出时，通常使用两个晶闸管或一个双向晶闸管，直流输出时可使用双极性器件或功率场效应晶体管。

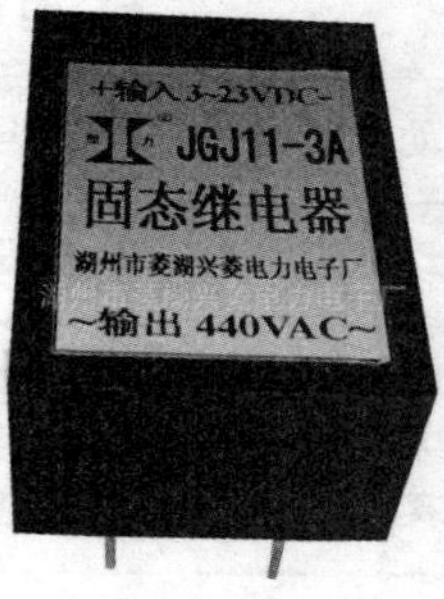

（a）单相交流固态继电器

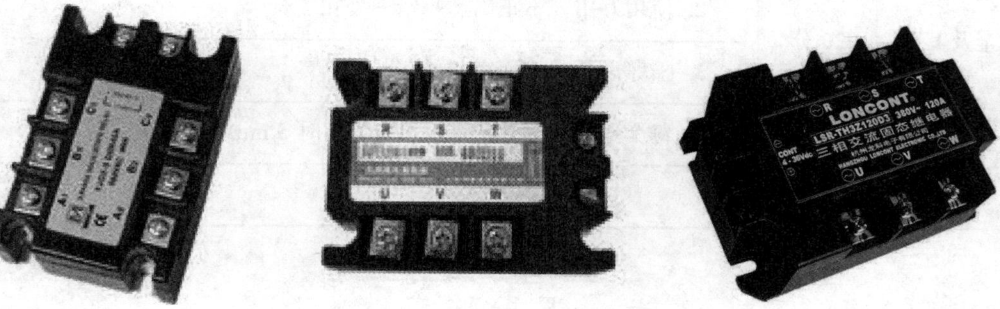

（b）三相交流固态继电器

图 3-15　固态继电器的外形

技能训练

工作任务：工作台自动往返控制电路的安装。

任务目标：1. 能辨识工作台自动往返控制电路的各个部分。

2. 能用万用表对工作台自动往返控制电路进行检测。

3. 掌握工作台自动往返控制电路的电气原理图，能对自动往返控制电路进行安装。

4. 培养遵守实验、实习场地规章制度的意识。

任务实施：

1. 准备工作

（1）人员组织：1 人。

（2）设备组织：自动往返控制电路相关设备。

（3）资料组织：记录本 1 本，记录笔 1 支。

2. 实际操作

（1）人员组织：2 人。

（2）考核时间：100 min。

（3）测评标准：

项目及配分		考核内容及评分标准
作业程序	20 分	1. 辨识自动往返控制电路的设备名称。每错一处扣 5 分
		2. 说出自动往返控制电路各设备的作用和构成。每错一处扣 5 分
质量	60 分	1. 画出自动往返控制电路的电气原理图。每错一处扣 5 分
		2. 安装连接自动往返控制电路。每错一处扣 5 分
安全及其他	20 分	1. 未按规定穿戴工作制服和劳保用品。每少一件扣 5 分
		2. 使用万用表不正确。每错一处扣 5 分
		3. 损坏设备或万用表扣 41 分
		4. 每个环节超时 1 min 扣 5 分，超时 5 min 停止考核
合计	100 分	

课后练习

一、技能练习题

1. 按钮联锁的正反转控制电路的原理图如图 3-16 所示。

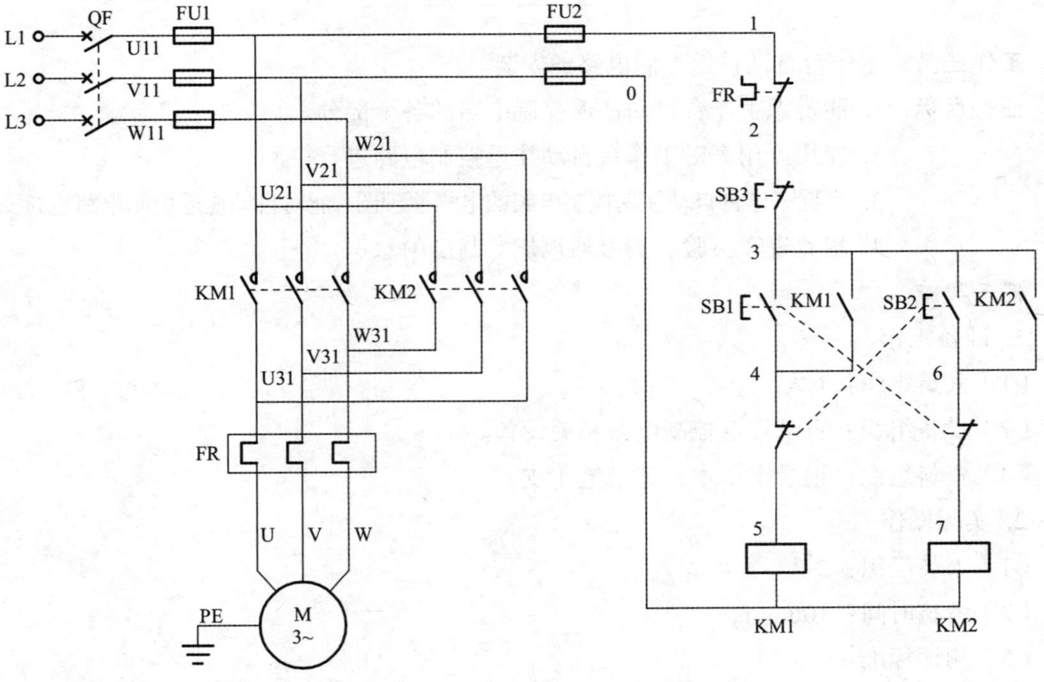

图 3-16 按钮联锁的正反转控制电路的原理图

（1）分析电路的工作原理，总结该电路的优缺点。

（2）根据原理图画出布置图和接线图。

（3）根据原理图选择合适的元器件，并安装电路。

2. 按钮接触器双重连锁正反转控制电路的检修训练。

（1）教师讲解故障查找方法及进行本电路的故障分析。

（2）由教师设置故障点，让学生进行检修。

（3）学生互设故障点并检修。

注意事项：

① 要认真听取指导教师在示范过程中的讲解并仔细观察指导教师的检修操作。

② 设置故障点要符合自然故障特点。

③ 在排除故障的过程中，故障分析的思路和方法要正确。

④ 工具和仪表使用要正确。

⑤ 带电检修故障时，必须有指导教师在现场监护，并确保用电安全。

二、知识练习题

1. 选择题

（1）改变通入三相异步电动机的电源相序就可以使电动机（　　）。

A. 停速　　B. 减速　　C. 反转　　D. 减压启动

（2）三相异步电动机的正反转控制关键是改变（　　）。

A. 电源电压　　B. 电源相序　　C. 电源电流　　D. 负载大小

（3）正反转控制电路，在实际工作中最常用、最可靠的是（　　）。

A. 倒顺开关　　B. 接触器连锁

C. 按钮连锁　　D. 按钮接触器双重连锁

（4）要使三相异步电动机反转，只要（　　）就能完成。

A. 降低电压　　B. 降低电流

C. 将任意两根电源线对调　　D. 降低电路功率

（5）在接触器联锁的正反转控制电路中，其联锁触头应是对方接触器的（　　）。

A. 主触头　　B. 常开辅助触头

C. 常闭辅助触头　　D. 常开触头

（6）在操作按钮联锁或按钮接触器双重连锁的正反转控制电路时，要使电动机从正转变为反转，正确的操作方法是（　　）。

A. 直接按下反转启动按钮

B. 直接按下正转启动按钮

C. 必须先按下停止按钮，再按下反转启动按钮

D. 必须先按下停止按钮，再按下正转启动按钮

（7）行程开关是一种将（　　）转换为电信号的自动控制电器。

A. 机械信号　　B. 弱电信号　　C. 光信号　　D. 热能信号

（8）自动往返控制电路属于（　　）电路。

A. 正反转控制　　B. 点动控制　　C. 自锁控制　　D. 顺序控制

（9）在图 3-10 所示的电路中，行程开关 SQ1、SQ2、SQ3 和 SQ4，（　　）被用来作终端保护，防止工作台越过限定位置而造成事故；（　　）被用来自动换接正反转控制电路，实现工作台自动往返行程控制。

A. SQ1、SQ2　　B. SQ1、SQ3　　C. SQ2、SQ3　　D. SQ3、SQ4

（10）完成工作台自动往返行程控制要求的主要电器元件是（　　）。

A. 行程开关　　B. 接触器　　C. 按钮　　D. 组合开关

（11）最常用的接近式位置开关为（　　）。

A. 光电型　　B. 电感型　　C. 高频振荡型　　D. 低频振荡型

2. 判断题

（1）在接触器联锁的正反转控制电路中，正、反转接触器有时可以同时闭合。（　　）

（2）为了保证三相异步电动机实现反转，正、反转接触器的主触头必须按相同的顺序并接后串联到主电路中。（　　）

（3）三相异步电动机正反转控制电路，采用接触器联锁最可靠。（　　）

（4）按钮接触器双重联锁正反转控制电路的优点是工作安全可靠，操作方便。（　　）

（5）行程开关是一种将机械信号转换为电信号以控制运动部件的位置和行程的低压电器。（　　）

（6）接近式位置开关除了用于限位保护和行程控制外，还可用于检测物体的存在、高速计数、测速、液位控制、定位、变换运动方向、检测零件尺寸及用作无触点按钮等。（　　）

（7）接近式位置开关作为位置开关，由于精度高，只适用于操作频繁的设备。（　　）

3. 某单位大门采用自动伸缩门，如图 3-17 所示。

图 3-17　自动伸缩门

根据下列要求设计该自动伸缩门采用三相笼型异步电动机的控制电路：

（1）能实现开门、关门、停止。

（2）门开到位和关到位有限位保护（采用行程开关或接近式位置开关）。

（3）有短路、过电压、失电压和欠电压等保护。

小知识　安全电压

安全电压，是指为了防止触电事故而由特定电源供电的电压系列，其值不超过交流有效值 50 V，国家标准《特低电压（ELV）限值》（CB/T3805—2008）规定，我国安全电压额定值的等级为 42 V、36 V、24 V、12 V 和 6 V，应根据作业场所、操作员条件、使用方式、供电方式、电路状况等因素选用。一般情况下，12 V、24 V、36 V 是安全电压的三个级别。例如，凡是手提照明灯、危险环境和特别危险环境的携带式电动工具，一般采用 42 V 或 36 V 安全电压；凡是金属容器内、隧道内、矿井内等工作地点狭窄、行动不便以及周围有大面积接地导体的环境，应采用 24 V 或 12 V 安全电压；除上述条件外，特别潮湿的环境采用 6 V 安全电压。

工作任务群四

电动机延时启动控制电路的安装

在实际工作中，电动机除了瞬时启动外，有的还要求电动机的控制电路接通电源后，电动机间隔一定时间再启动，即延时启动。本工作任务群主要介绍时间继电器、中间继电器的结构、用途、原理、电气符号，要求学生能独立分析电动机延时启动控制电路的工作原理，对常见故障能够进行判断和处理。

任务一 电动机延时启动控制电路元器件的认知

知识学习

学习目标：

1. 掌握时间继电器和中间继电器的用途、结构、工作原理以及电气符号。
2. 能分辨各种继电器的类型及各部件的名称及作用。

知识要点：

1. 在电动机的控制电路中，对电动机的启动往往有时间要求（延时启动或延时停车），可以采用时间继电器完成这一功能，如图 4-1 所示。

2. 时间继电器是一种利用电磁原理和机械动作实现触头延时接通或断开的自动控制电器。根据其触头延时的特点，分为通电延时与断电延时两种。

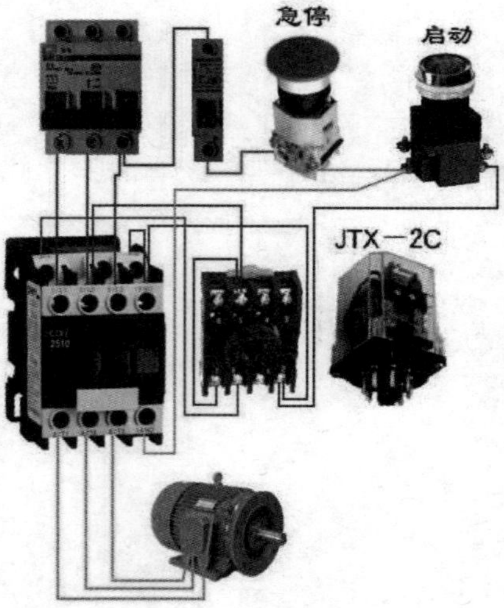

图 4-1 电动机延时启动控制电路实物图

一、时间继电器

时间继电器是一种利用电磁原理和机械动作实现触头延时接通或断开的自动控制电器。

根据触头延时的特点，分为通电延时与断电延时两种。其中通电延时是指时间继电器的电磁线圈通电后，其触头延时动作；断电延时则是指在电磁线圈断电后，触头延时动作。时间继电器的种类很多，常用的有空气阻尼式、电磁式、电动式和电子式等。

空气阻尼式时间继电器的动作时间是由空气通过小孔节流的原理来控制的。它由电磁系统、触头、气室及传动机构等组成。

电子式时间继电器采用晶体管或集成电路和电子元件等构成。它具有体积小、重量轻、延时精度高、延时范围广、抗干扰性能强、可靠性好、使用寿命长等特点，适用于各种要求高精度、高可靠性自动控制的场合。

1. 时间继电器的外形、电气符号

时间继电器的外形如图 4-2 所示，电气符号如图 4-3 所示。

图 4-2　电子式时间继电器的外形

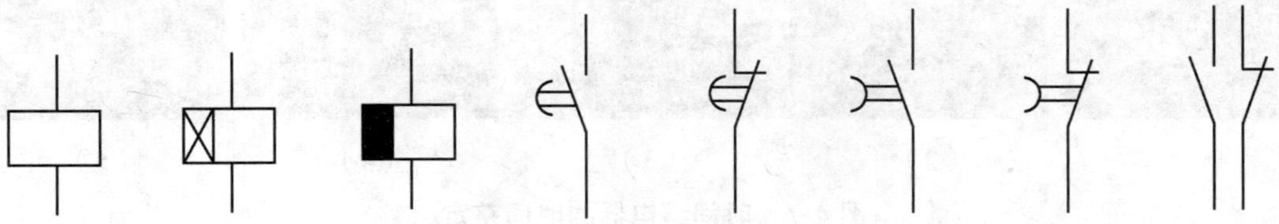

（a）线圈一般符号　（b）通电延时线圈　（c）断电延时线圈　（d）通电延时常开触头　（e）通电延时常闭触头　（f）断电延时常开触头　（g）断电延时常闭触头　（h）瞬动触头

图 4-3　时间继电器的电气符号

2. 时间继电器的检测

时间继电器安装前的检测包括不带电检测和带电检测两项。

（1）用万用表不带电检测时间继电器的线圈电阻、常开触头、常闭触头。

（2）线圈电阻正常时，根据时间继电器线圈的额定电压值，按图 4-4 所示连接好测试电路，带电测试延时时间，观察触头动作情况。注意：应按照时间继电器要求的线圈电压在 1

和 2 之间加上合适的电压。本工作任务群中所用的时间继电器要求的线圈电压是 AC 380 V，所以端子 1 和 2 分别与 L1、L2 相连接。

3. 时间继电器的安装接线

观察图 4-5 所示的电子式时间继电器接线示意图，②和⑦为电压输入端，①和④、⑤和⑧为常闭触头，①和③、⑧和⑥为常开触头。

按照电气原理图和接线图接线完毕后，将时间继电器插入底座（如图 4-6 所示）。

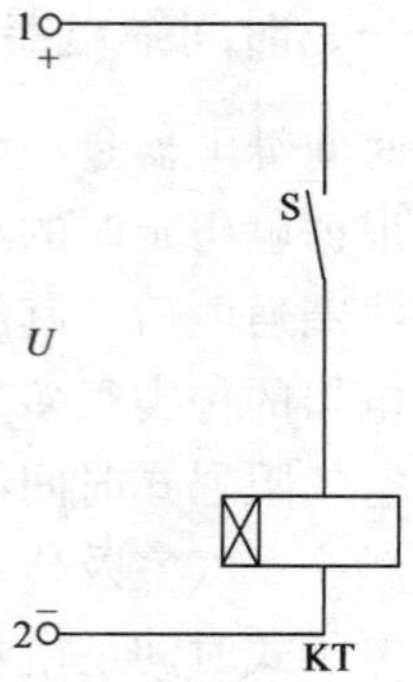

图 4-4　时间继电器的测试电路示意图

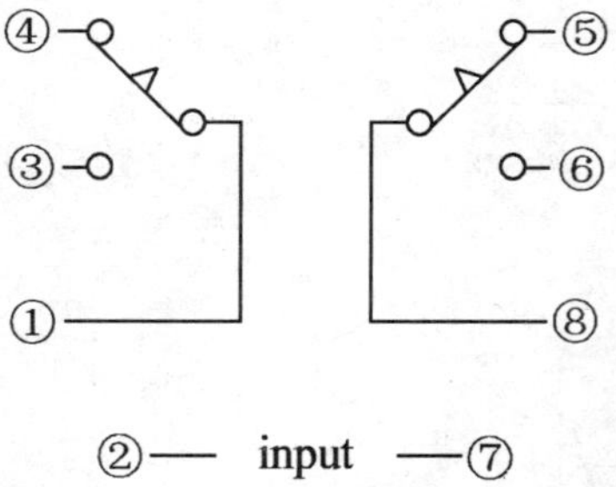

图 4-5　电子式时间继电器的接线示意图

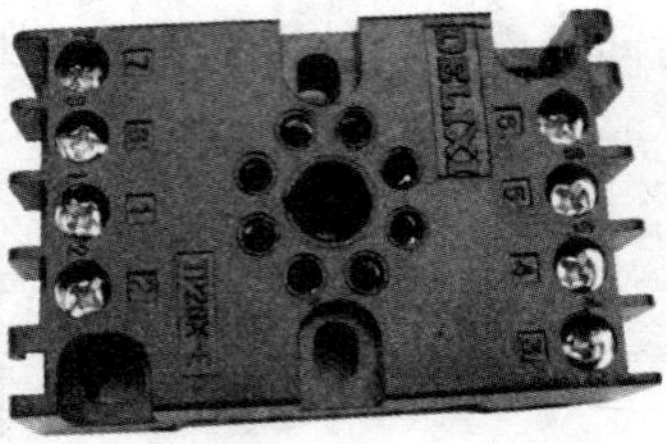

图 4-6　时间继电器的底座

4. 时间继电器的时间整定

例如，要定时 20 s，则应按照图 4-7 所示步骤进行。

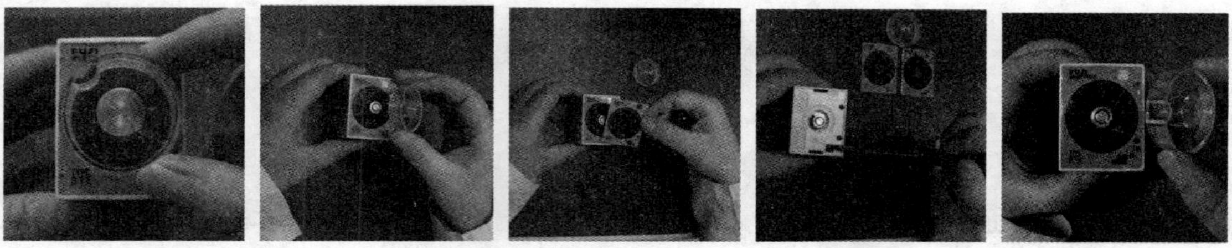

（1）　（2）　（3）　（4）　（5）

图 4-7　时间继电器的时间整定

（1）拔出旋钮开关端盖。

（2）取下正反两面印有时间刻度的时间刻度片。

（3）按照图 4-8 所对应的时间范围调整两个白色拨码开关位置。

（4）将满量程 60 s 的刻度片放在最上面，盖好旋钮开关的端盖。

（5）调整整定时间为 20 s，旋转端盖使红色刻度线对准 20 s。

不同时间范围所对应的拨码开关位置及时间刻度片如图 4-8 所示。

5. 其他常见的时间继电器

具体选择什么类型的时间继电器合适，除了需要对设备要求进行分析外，还要了解每个备选器件的工作特性。图 4-9 所示为其他常见的时间继电器。

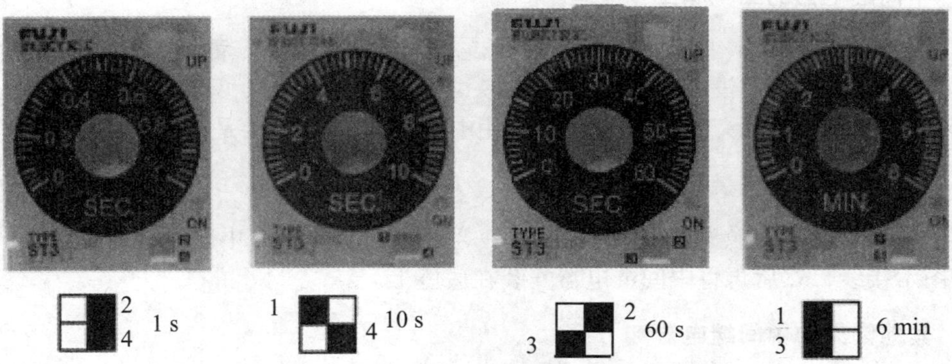

图 4-8　时间继电器的时间范围调整

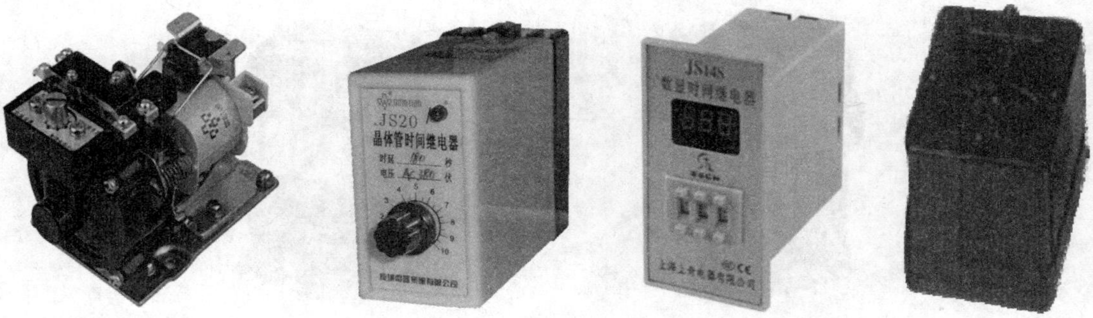

（a）空气阻尼式　（b）晶体管式　（c）数显式　（d）智能式

图 4-9　其他常见的时间继电器

6. 时间继电器的选择

根据时间继电器的延时方式、延时精度、延时范围、触头形式、工作环境等因素确定采用何种型式的时间继电器，然后再选择线圈的额定电压。

二、中间继电器

中间继电器与电压继电器在电路中的接法和结构方面基本相同，都在电路中起到扩大触头数量和容量的中间放大与转换作用。

1. 中间继电器的外形、电气符号

中间继电器的外形及电气符号如图 4-10 所示。

（a）外形　（b）底座　（c）电气符号

图 4-10　中间继电器的外形及电气符号

2. 中间继电器的结构和工作原理

中间继电器的基本结构和工作原理与接触器类似，也是由线圈、静铁心、动铁心、触头系统和复位弹簧等组成。但它没有主触头、辅助触头之分，触头容量小，只允许通过小电流，它与交流接触器的主要区别是触头数目多一些。在选用中间继电器时，主要是考虑电压等级和触头数目。

3. 中间继电器的安装接线

由于中间继电器的触头容量较小，所以一般不能接到主电路中。固定好底座后，先按器件上的图示接线，然后再将中间继电器安装在底座上。

4. 其他常见的中间继电器

图 4-11 所示是其他常见的 J27 系列和 ZC1 系列电磁式中间继电器。

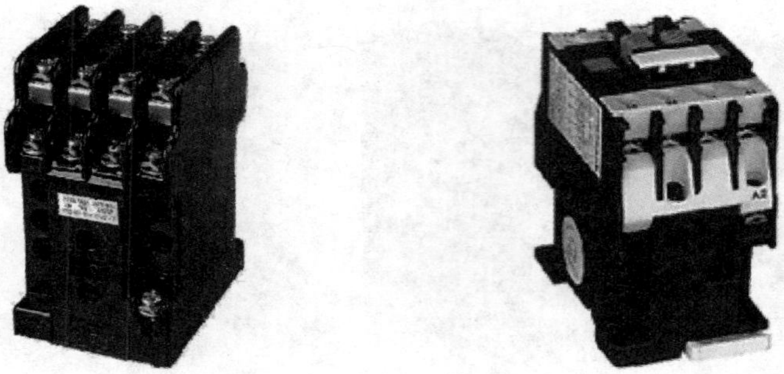

（a）J27 系列　　（b）ZC1 系列

图 4-11　其他常见的中间继电器

三、电铃和警示灯

电铃和警示灯作为报警装置，本工作任务群采用的电铃和警示灯如图 4-12 所示。实训时可以用普通白炽灯代替。

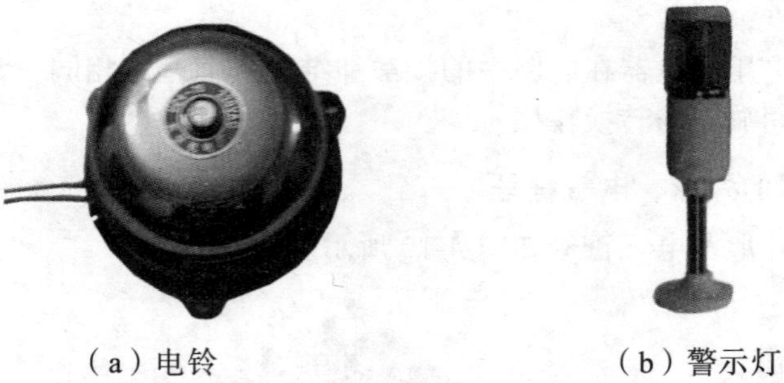

（a）电铃　　（b）警示灯

图 4-12　电铃和警示灯

技能训练

工作任务：时间继电器的结构认知。

任务目标：1. 能辨识时间继电器的各个组成部分。

2. 能用万用表对时间继电器进行检测。

3. 掌握时间继电器的电气符号，在电路图中能进行正确的识读。

4. 培养遵守实验、实习场地规章制度的意识。

任务实施：

1. 准备工作

（1）人员组织：1 人。

（2）设备组织：空气阻尼式时间继电器。

（3）资料组织：记录本 1 本，记录笔 1 支。

2. 实际操作

（1）人员组织：1 人。

（2）考核时间：15 min。

（3）测评标准：

项目及配分		考核内容及评分标准
作业程序	35 分	1. 辨识时间继电器的各个组成部分。每错一处扣 5 分
		2. 说出每个组成部分的作用。每错一处扣 5 分
质量	35 分	1. 画出时间继电器的线圈、接点的电气符号。每错一处扣 5 分
		2. 用万用表对时间继电器的接点线圈进行检测。每错一处扣 5 分
安全及其他	30 分	1. 未按规定穿戴工作制服和劳保用品。每少一件扣 5 分
		2. 使用万用表不正确。每错一处扣 5 分
		3. 损坏时间继电器或万用表扣 41 分
		4. 每个环节超时 1 min 扣 5 分，超时 5 min 停止考核
合计	100 分	

任务二　电动机延时启动控制电路的安装与检测

知识学习

学习目标：

1. 掌握电动机延时启动控制电路的结构。

2. 掌握电动机延时启动控制电路的工作原理。

3. 掌握电动机延时启动控制电路的安装接线方法。

知识要点：

1. 在电动机延时启动控制电路中，依靠时间继电器来控制延时时间，这个时间也是灯亮（电铃响）的时间。

2. 进行电路安装时，应注意物品的摆放和工具的正确使用。在自检完毕后，必须通过指导教师的检查，经允许后方可通电测试。

一、电路分析

电动机延时启动控制电路如图 4-13 所示。主电路由电源总开关 QF、熔断器 FU1、接触器 KM 主触头、热继电器 FR、电动机 M 组成；控制电路由熔断器 FU2、热继电器 FR 常闭触头、停止按钮 SB1、启动按钮 SB2、中间继电器 KA、时间继电器 KT、接触器 KM 线圈及辅助常开、常闭触头组成；辅助电路由中间继电器 KA 的常开触头、电铃、警示灯组成。

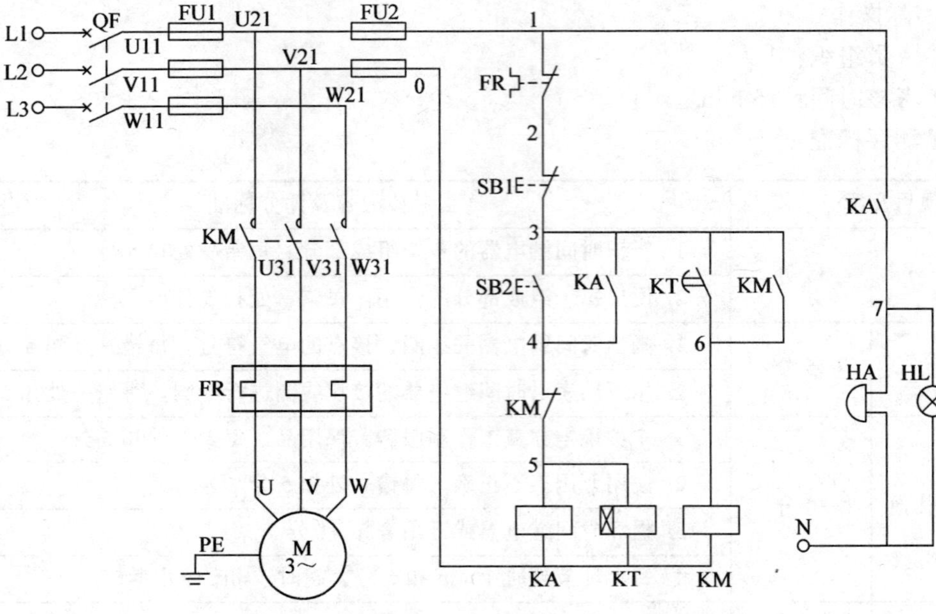

图 4-13 电动机延时启动控制电路的电气原理图

电路的工作原理如下：合上断路器 QF，按下启动按钮 SB2，中间继电器 KA 线圈通电自锁，同时时间继电器 KT 线圈得电吸合并开始计时，KA（1—7）常开触头闭合，辅助电路接通，电铃和警示灯发出声光报警提示现场人员注意；当 KT 延时时间到，KT（3—6）延时闭合常开触头闭合，接触器 KM 线圈通电，KM（4—5）常闭触头先断开，中间继电器 KA 和时间继电器 KT 的线圈断电，KA（1—7）常开触头复位，声光报警立即停止，同时 KM 主触头闭合，电动机启动，KM（3—6）常开触头闭合自锁，电动机连续运行；按下停止按钮 SB1，电动机停止运行。

二、器材准备与检测

1. 电器元件明细表

所用电器元件见表 4-1。

2. 检查所用的电器元件的外观

所有电器元件应完整无损，附件、备件齐全。

3. 用万用表、绝缘电阻表检测

所有电器元件及电动机的有关技术数据应符合要求。

表 4-1　电器元件明细表

序号	名称	型号与规格	单位	数量
1	三相异步电动机	Y112M-4，4 kW，380 V，△接法或自定	台	1
2	低压断路器	DZ47-63，380 V，20 A，整定 10 A	个	1
3	交流接触器	CJX1-22/22F，线圈电压 380 V，电流 20 A	个	1
4	热继电器	LR2-D13，线圈电压 380 V，整定电流 9.6 A	个	1
5	中间继电器	HH53P/A，线圈电压 380 V	个	1
6	时间继电器	ST3P，额定电压 380 V	个	1
7	熔断器	RT18-32，500 V，配 10 A、2 A 熔体	个	5
8	警示灯	TL-50，220 V，也可用白炽灯	个	1
9	电铃	UC4-75，220 V	个	1
10	控制按钮	LA-18，5 A，红色	个	1
11	控制按钮	LA-18，5 A，绿色	个	1
12	端子板	JX2-1015	条	1

三、电路的安装、测试

1. 绘制布置图并安装电器元件

绘制布置图，在控制板上按布置图安装电器元件，并贴上醒目的文字符号。

2. 绘制接线图

将图 4-14 所示的接线图补充完整，在控制板上按接线图进行线槽布线。

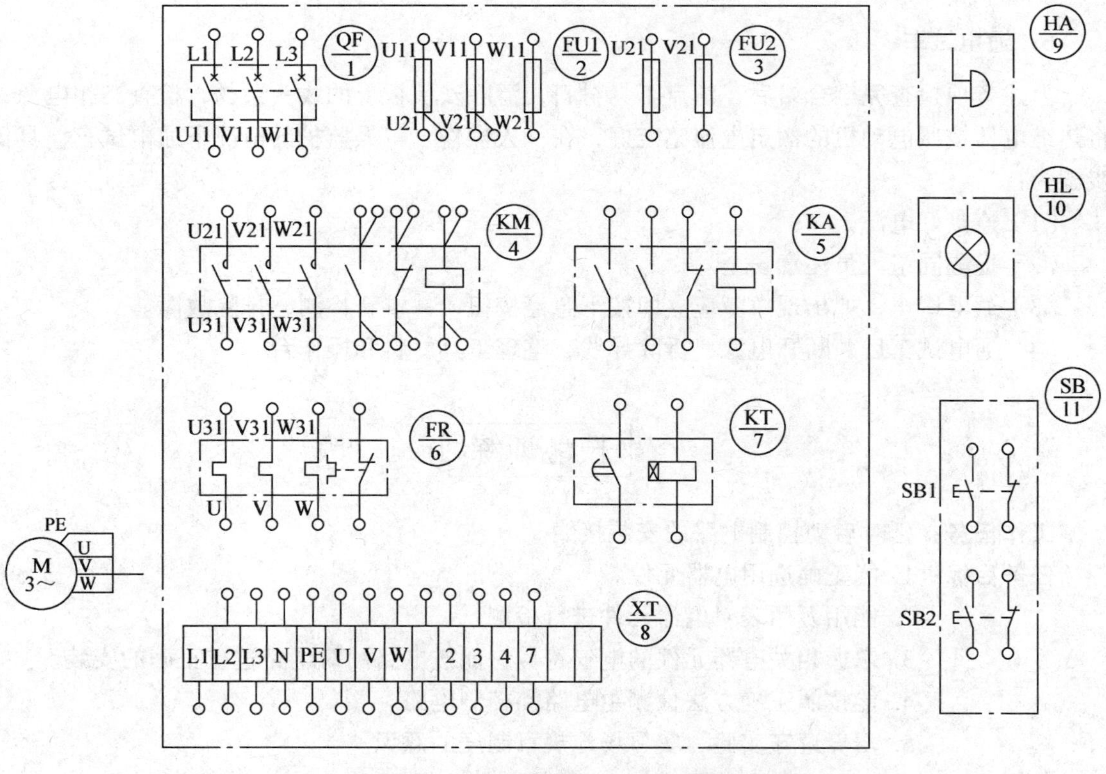

图 4-14　电动机延时启动控制电路的接线图

3. 检测主电路和控制电路

主电路和控制电路的检测方法与步骤如下：

（1）按照原理图、接线图逐线核查，重点检查控制电路和辅助电路的各触头有无错接、漏接、脱落、虚接等现象，检查导线与各端子的接线是否牢固。

（2）用万用表检查电路的通断情况。用手动操作来模拟触头分合动作，先检查控制电路后检查主电路，检查方法如下：

① 检查控制电路，装好 FU2 熔体，将万用表的表笔接到 V11、W11 处进行以下检测：

a. 断开电源（主回路电源也要断开），测量控制电路的电阻值，控制电路的电阻应为 ∞。

b. 按下按钮 SB2，测量控制电路的电阻值，控制电路的电阻值应为中间继电器线圈和时间继电器线圈的并联电阻，松开 SB2 后电阻为 ∞。强行压下接触器 KM，测量控制电路的电阻值，应为接触器 KM 的线圈电阻；同时按下 SB1，测得的控制电路电阻值应为 ∞；松开接触器 KM 和按钮 SB1 后控制电路的电阻值也应为 ∞。

② 检查主电路，取下 FU2 的熔体，断开控制电路，装好 FU1 的熔体，用万用表分别测量 QF 的下端子 U11—V11、V11—W11、W11—U11 之间的电阻，均应为断路（$R\to\infty$）。若某次测量结果为短路（$R\to 0$），则说明所测两相之间的接线处有短路现象，应仔细检查，排除故障。

压下接触器 KM，测量主电路的电阻值，若某次测量结果为断路（$R\to\infty$），则说明所测两相之间的接线有断路情况，应仔细检查，找出断路点，排除故障。

4. 安装电动机

连接电动机和按钮金属外壳的保护接地线以及三相电源等控制板外部的导线。

5. 通电试车

上述各项检查完全合格后，清点工具材料，清除安装板上的线头杂物，检查三相电源，将热继电器按照电动机的额定电流整定好，在一人操作、一人监护的情况下通电试车，具体步骤为：

（1）连接好电源。

（2）提醒同组人员注意安全。

（3）通电试车，如出现故障应立即按下急停按钮，并重新检测，排除故障。

（4）通电试车后，断开电源，拆除导线，整理工具材料和操作台。

技能训练

工作任务： 延时启动控制电路的安装接线。

任务目标： 1. 能正确选用电器元件。

2. 能用万用表对电器元件进行检测。
3. 掌握相关电器元件的电气符号，能按电路图对电路进行正确的安装。
4. 能按照正确方法检测主电路和控制电路。
5. 培养遵守实验、实习场地规章制度的意识。

任务实施：

1. 准备工作

（1）人员组织：1 人。

（2）设备组织：三相异步电动机、低压断路器、交流接触器、热继电器、中间继电器、时间继电器、熔断器、警示灯、电铃、控制按钮、端子板等。

（3）资料组织：记录本 1 本，记录笔 1 支。

2. 实际操作

（1）人员组织：1 人。

（2）考核时间：90 min。

（3）测评标准：

项目及配分		考核内容及评分标准
作业程序	35 分	1. 能正确选用电器元件，每错选一件扣 5 分
		2. 能用万用表对电器元件进行检测，每错一处扣 5 分
质量	35 分	1. 能按电路图进行正确的安装接线，每错一处扣 5 分
		2. 能按照正确方法检测主电路和控制电路，每错一处扣 5 分
安全及其他	30 分	1. 未按规定穿戴工作制服和劳保用品。每少一件扣 5 分
		2. 使用万用表不正确。每错一处扣 5 分
		3. 损坏电器元件或万用表扣 41 分
		4. 每个环节超时 5 min 扣 5 分，超时 15 min 停止考核
合计	100 分	

任务三　延时启动控制电路的故障检修

知识学习

学习目标：

1. 掌握延时启动控制电路的常见故障及维修方法。
2. 掌握延时启动控制电路的检查方法。

知识要点：

电动机延时启动控制电路常见的故障现象有：电动机不能启动、电铃和警示灯不工作、电动机直接启动等。

1. 电动机不能启动

参照图 4-13 所示电路，检查步骤为：按下接触器 KM，测量 0 号线和 1 号线之间的电阻值，若为接触器 KM 的线圈电阻，则该故障是主电路造成的，应重点检查熔断器 FU1、接触器常开主触头、电动机绕组；否则，应重点检查控制电路中的熔断器 FU2、热继电器常闭触头、停止按钮 SB1 的常闭触头等。

2. 电铃和警示灯不工作

检查控制电路，重点检查 FU2、1 号线和 7 号线之间的 KA 常开触头。

3. 电动机直接启动

调整时间继电器的定时时间，检查控制电路中 3 号线和 6 号线之间是否为时间继电器的延时闭合触头。

技能训练

工作任务： 延时启动控制电路的故障排查。

任务目标： 1. 能根据现象辨识延时启动控制电路的故障。
2. 能用万用表对电气线路进行检测，判断出故障原因。
3. 能排除故障，将线路正确安装。
4. 培养遵守实验、实习场地规章制度的意识。

任务实施：

1. 准备工作

（1）人员组织：1 人。

（2）设备组织：三相异步电动机、低压断路器、交流接触器、热继电器、中间继电器、时间继电器、熔断器、警示灯、电铃、控制按钮、端子板。

（3）资料组织：记录本 1 本，记录笔 1 支。

2. 实际操作

（1）人员组织：1 人。

（2）考核时间：45 min。

（3）测评标准：

项目及配分		考核内容及评分标准
作业程序	35 分	1. 能根据现象辨识电路的故障。每错判断一次扣 5 分
		2. 能用万用表对电路进行检测，判断故障原因，每错判一处扣 5 分
质量	35 分	1. 能排除故障，将线路正确安装，每错接一处扣 5 分
		2. 能按照正确方法检测主电路和控制电路，每错一处扣 5 分
安全及其他	30 分	1. 未按规定穿戴工作制服和劳保用品。每少一件扣 5 分
		2. 使用万用表不正确。每错一处扣 5 分
		3. 损坏电器元件或万用表扣 41 分
		4. 每个环节超时 5 min 扣 5 分，超时 15 min 停止考核
合计	100 分	

知识拓展：空气阻尼式时间继电器

空气阻尼式时间继电器是利用电磁原理和机械动作使其触头获得延时动作时间的。根据触头延时的特点，分为通电延时与断电延时两种。其中通电延时是指时间继电器的电磁线圈通电后，其触头延时动作；断电延时则是指在电磁线圈断电后，触头延时动作。

一、空气阻尼式时间继电器的外形和结构

空气阻尼式时间继电器的外形和结构如图 4-15 所示。它由电磁系统、触头、气室及传动机构等组成。电磁系统由线圈、动铁心、静铁心和反作用弹簧组成。触头分为瞬时触头、延时触头两种。气室内的一块橡皮薄膜和活塞随空气量的增减而移动，气室上面的调节螺钉可以调节延时的长短。传动机构由杠杆、推板、推杆和宝塔形弹簧等组成。

（a）外形

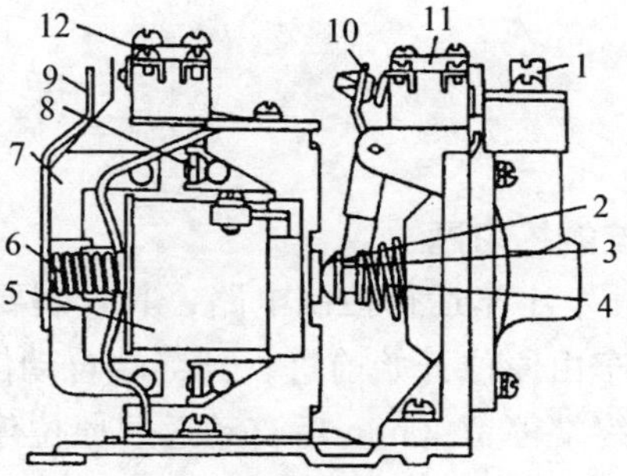

（b）结构

1—调节螺钉；2—推板；3—推杆；4—宝塔形弹簧；5—线圈；6—反力弹簧；7—衔铁；8—铁心；9—弹簧片；12—瞬时触头；10—杠杆；11—延时触头。

图 4-15　JS7 系列空气阻尼式时间继电器的外形和结构

根据触头延时的特点，空气阻尼式时间继电器可分为通电延时与断电延时两种。根据电路需要，改变时间继电器电磁系统的安装方向，即可实现通电延时和断电延时的互换。因此，使用时不要只看时间继电器器身上标注的电气符号，还要会用万用表进行判别。

对于通电延时型时间继电器，当线圈得电时，其延时动合触头要延时一段时间才闭合，延时动断触头要延时一段时间才断开；当线圈失电时，其延时动合触头迅速断开，延时动断触头迅速闭合。

对于断电延时型时间继电器，当线圈得电时，其延时动合触头迅速闭合，延时动断触头迅速断开；当线圈失电时，其延时动合触头要延时一段时间才断开，延时动断触头要延时一段时间才闭合。

二、空气阻尼式时间继电器的型号

JS7 系列空气阻尼式时间继电器的型号及含义如下所示：

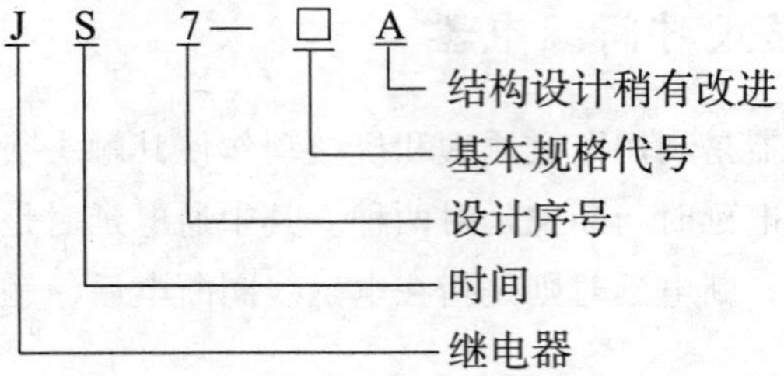

三、空气阻尼式时间继电器的使用注意事项

（1）应经常清除时间继电器上面的灰尘和油污，防止延时误差的增加。

（2）将线圈部分转 180° 就能将通电延时改成断电延时，同理也可将断电延时改为通电延时。

（3）将通电延时型时间继电器改成断电延时型后，注意原先的常开触头变为常闭触头、常闭触头变为常开触头。

课后练习

一、技能练习题

设计一个小车运行控制电路，其控制要求如下：

1. 小车由原位开始前进，到终端自动停止。
2. 在终端停留 2 min 后自动返回原位停止。
3. 要求在前进或后退途中的任意位置都能停止和启动。

二、知识练习题

1. 说出下列电器的作用，并画出图形符号、标注文字符号：

（1）按钮　（2）熔断器　（3）低压断路器　（4）交流接触器

（5）热继电器　（6）时间继电器　（7）中间继电器

2. 电动机延时启动控制电路与电动机单向运行控制电路的主要区别有哪些？
3. 如何整定时间继电器的定时时间？

小知识　人体允许电流

在摆脱电流范围内，人体触电以后能自主地摆脱带电体而解除触电危险，因此，一般情况下可以把摆脱电流看作人体允许电流。在装有防止触电保护装置（保安器）的场合，人体允许通过的电流可按 30 mA 考虑；在空中、水面等可能因电击造成严重二次事故的场合，人体允许电流应按不引起强烈痉挛的 5 mA 考虑。应当强调指出的是，这里所说的人体允许电流并不是指人体长时间能够承受的电流值（能引起人的感觉而不能长时间承受的最小电流，即感知电流，成年男性平均约为 11 mA，成年女性约为 0.7 mA）。由此可见，在一定条件下，人体允许电流不能超过 30 mA，在某些特殊场合下将更小。

工作任务群五

顺序启停控制电路的安装

在许多生产机械中，为了保证操作过程的合理和工作的安全可靠，电动机需要按一定的顺序启动或停止。例如，CA6140 型卧式车床要求主拖动电动机启动后，冷却泵电动机才可以启动；X62W 型万能铣床上要求主轴电动机启动后，进给电动机才能启动；传送带要求第一台电动机启动后，第二台电动机才可以启动，第二台电动机启动后第三台电动机才可以启动，而且要求逆序停止。这种要求几台电动机的启动或停止按一定的先后顺序来完成的控制方式，称为电动机的顺序控制。

任务一　顺序启停控制电路的认知

知识学习

学习目标：

1. 掌握顺序控制电路的结构。
2. 掌握顺序控制电路的工作原理。
3. 掌握顺序控制电路的工作特点。

知识要点：

1. 常用的顺序控制电路有两种：一是主电路的顺序控制，二是控制电路的顺序控制。

2. 主电路的顺序控制：在主电路中，两台（或以上）电动机通电有先后限制，而它们的控制电路中接触器的通电无先后限制。

3. 控制电路的顺序控制：在主电路中，两台（或以上）电动机通电无先后限制，它们的控制电路中对应接触器的通电有先后限制。

一、主电路的顺序控制

主电路的顺序控制电路如图 5-1 所示。在主电路中，接触器 KM2 的三副主触头串联在接触器 KM1 主触头的下方，故只有当 KM1 主触头闭合，电动机 M1 启动运转后，KM2 才能使电动机 M2 通电启动，满足电动机 M1、M2 顺序启动的要求。图中 SB1、SB2 分别为两台电动机的启动按钮，SB3 为电动机同时停止的控制按钮。

主电路的顺序控制中的电动机 M2 还可以通过接插器、转换开关等接在接触器 KM1 主触头下面，如图 5-2 所示。

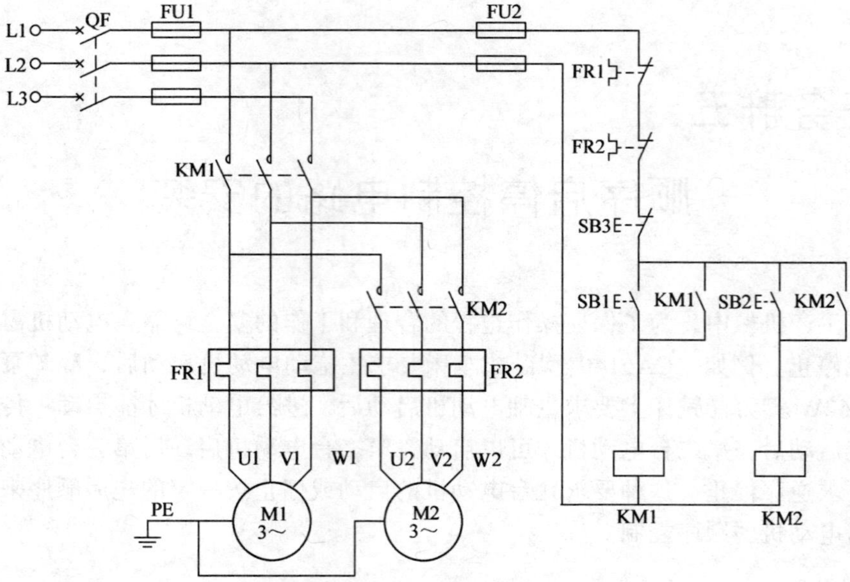

图 5-1 主电路的顺序控制

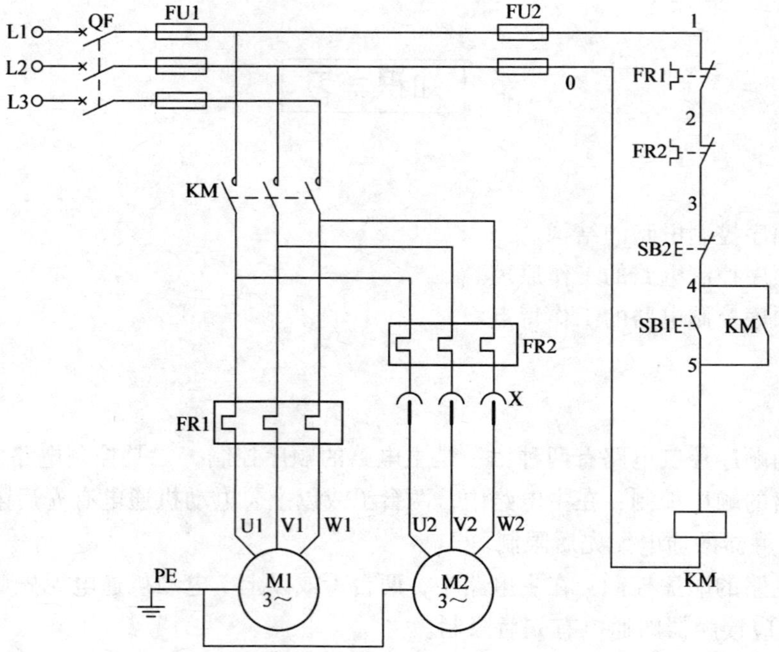

图 5-2 接插器控制主电路实现顺序控制

M7120 型平面磨床的砂轮电动机和冷却泵电动机就是采用接插器连接的顺序控制电路；CA6140 型车床主轴电动机和冷却泵电动机是采用转换开关连接的顺序控制电路。你能画出 CA6140 型车床主轴电动机和冷却泵电动机顺序控制电路图吗？

二、控制电路的顺序控制

如果电动机主电路不采用顺序控制，也可以在控制电路中实现顺序控制功能，如图 5-3 所示。

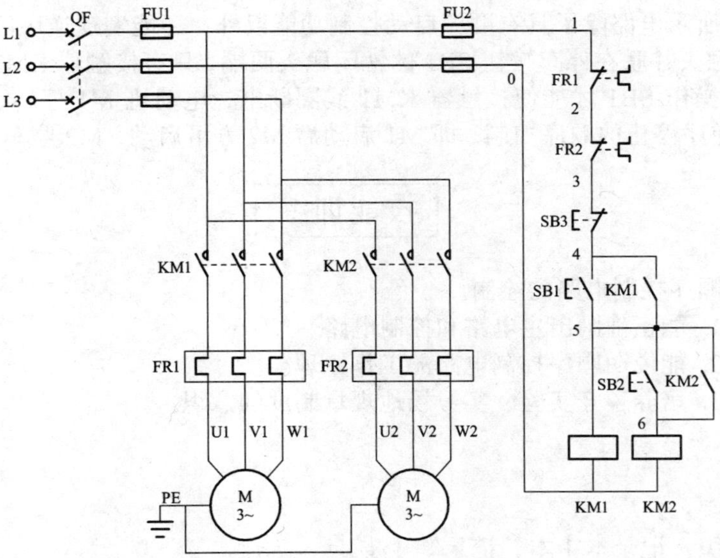

（a）

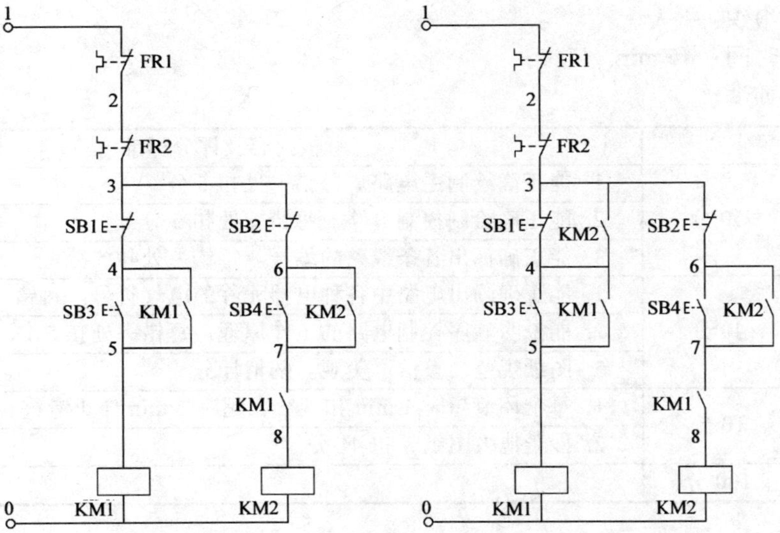

（b）　　　　　　　　　　（c）

图 5-3　控制电路的顺序控制

图 5-3（a）所示电路的工作原理如下：

（1）启动过程：合上低压断路器 QF，按下 SB1，KM1 线圈得电，其主触头闭合，KM1 辅助触头闭合实现自锁，M1 得电连续运转；按下 SB2，KM2 主触头闭合，接通主电路，KM2 辅助触头闭合自锁，M2 得电连续运转。

（2）停车过程：按下 SB3，KM1、KM2 线圈同时断电，主触头分断，电动机 M1、M2 同时断电停转。

控制特点：M1 启动运转之后，电动机 M2 才可以启动，M1、M2 同时停车。

图 5-3（b）所示电路是将图 5-3（a）中的 KM1 常开触头的自锁和顺序控制功能分开，用一个 KM1 辅助常开触头作为顺序控制触头，串联在接触器 KM2 的线圈回路中。当接触器 KM1 线圈通电自锁、常开辅助触头闭合后，接触器 KM2 线圈才具备得电的条件，实现 M1 启动运转之后电动机 M2 才可以启动，M2 可以单独停车或 M1、M2 同时停车的功能。

图 5-3（c）所示电路除了具有顺序启动控制功能以外，还能实现逆序停车的功能。接触器 KM2 的常开触头并联在停车按钮 SB1 的常闭触头两端，只有接触器 KM2 线圈断电、电动机 M2 停转后，操作 SB1 才能使接触器 KM1 线圈断电，电动机 M1 停转，从而实现 M1、M2 顺序启动，逆序停止的顺序控制，即 M1 启动后 M2 方可启动，M2 停车后 M1 方可停车。

技能训练

工作任务：顺序控制电路的绘制。

任务目标：1. 能正确画出主电路和控制电路。

2. 能说明顺序控制电路的工作原理。

3. 培养遵守实验、实习场地规章制度的意识。

任务实施：

1. 准备工作

（1）人员组织：1 人。

（2）资料组织：记录本 1 本，记录笔 1 支。

2. 实际操作

（1）人员组织：1 人。

（2）考核时间：45 min。

（3）测评标准：

项目及配分		考核内容及评分标准
作业程序	50 分	1. 能正确绘制主电路。每错一处扣 5 分
		2. 能正确绘制控制电路。每错一处扣 5 分
		3. 能正确标出各条线路的编号。每错一处扣 5 分
质量	40 分	1. 能正确画出电路中各种电器元件的电气符号。每错一处扣 5 分
		2. 能说明顺序控制电路的工作原理。每错一处扣 5 分
		3. 图纸规范、整洁、美观。酌情计分
其他	10 分	1. 每个环节超时 1 min 扣 5 分，超时 5 min 停止考核
		2. 抄袭他人图纸，扣 41 分
合计	100 分	

任务二　顺序启停控制电路的安装与检修

知识学习

学习目标：

1. 掌握顺序启停控制电路图的识读方法。
2. 掌握电路中所用电器元件的准备与检测方法。
3. 掌握顺序控制电路的常见故障与检修办法。

知识要点：

1. 能够从外观初步判断设备的好坏，并能正确选用所需要的设备。

2. 进行电路安装时，注意物品的摆放、工具的正确使用。在自检完毕后，必须通过指导教师的检查，经允许后方可通电测试。

一、器材的准备与检测

1. 电器元件明细表

参照图 5-3（c）所示电路，其所用电器元件见表 5-1。

表 5-1　电器元件明细表

序号	名称	型号与规格	单位	数量
1	三相异步电动机	Y132M-4-B3，4 kW，380 V，8.8 A，1 450 rad/min	台	2
2	三相断路器	DZ5-20 三相，20 A 或自定	个	1
3	交流接触器	CJX1-22/22F，线圈电压 380 V，20 A	个	2
4	热继电器	JR36-20/3D，15.4 A，整定电流 9.6 A	个	2
5	熔断器	RL1-60/25，500 V，配 10 A 熔体	个	3
6	熔断器	RL1-60/25，500 V，配 2 A 熔体	个	2
7	控制按钮	LA-3H，5 A，红、绿、黑三色	个	1
8	端子板	JX2-1015	条	1
9	导线	BVR1.5 mm^2，BVR1 mm^2，BVR0.75 mm^2	m	若干
10	走线槽		m	若干

2. 元器件检测

检查所用的电器元件的外观应完整无损，附件、备件齐全。

用万用表、绝缘电阻表检测所有电器元件及电动机的有关技术数据应符合要求。

二、电路的安装和测试

根据电器元件选配安装工具和控制板，工艺要求和安装步骤如下：

1. 绘制布置图并安装电器元件

绘制布置图，在控制板上按布置图安装电器元件，并贴上醒目的文字符号，可参考图 5-4。

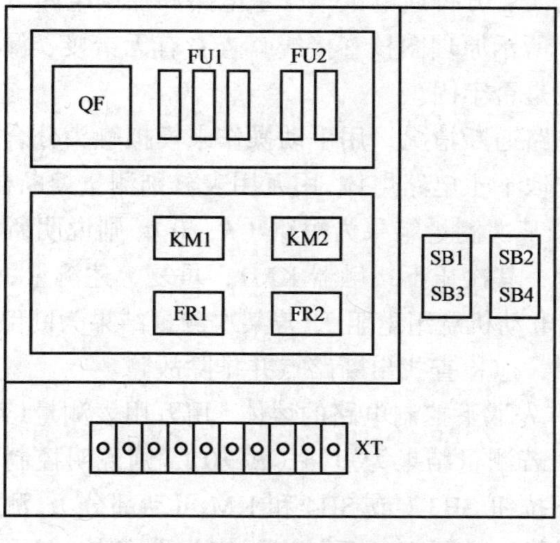

图 5-4　元器件布置图

2. 补画接线图

在图 5-5 上将顺序控制接线图补充完整。

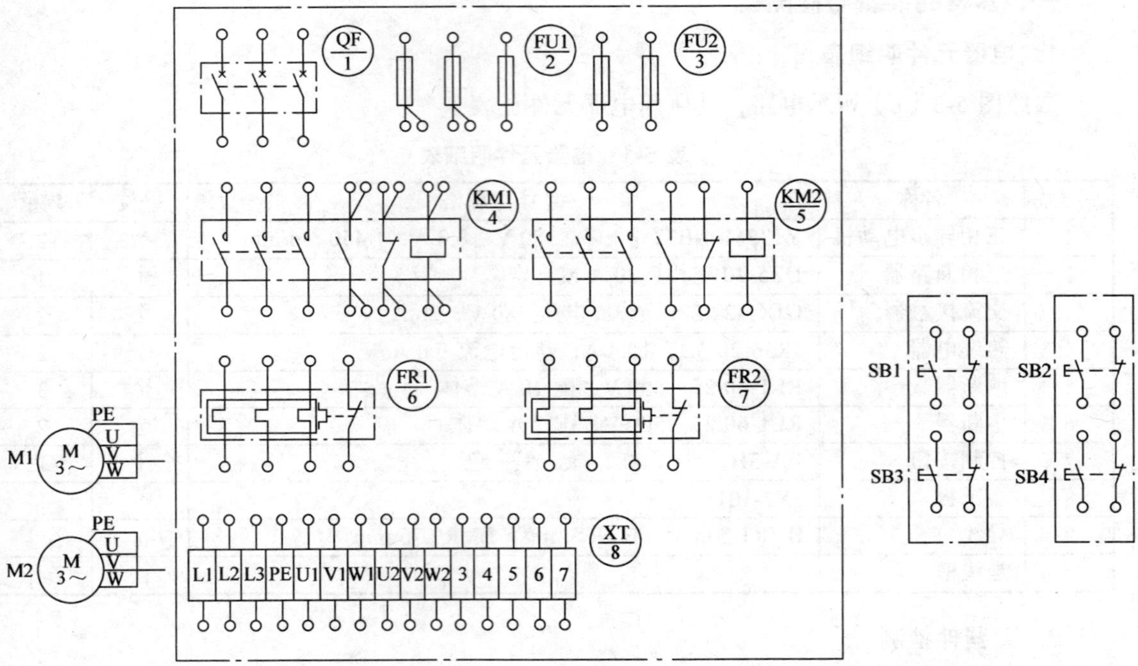

图 5-5 顺序控制接线图

按照线槽布线工艺进行布线，并在导线上套上号码管。

3. 安装电动机

安装电动机及保护接地线。

4. 自检电路

安装完毕电路检测无误后方可通电试车，主电路和控制电路可分别检测。

（1）按照图 5-3（c）所示原理图核查接线，查看有无错接、漏接、脱落、虚接等现象，检查导线与各端子的接线是否牢固。

（2）用万用表检查电路通断情况，用手动操作来模拟触头分合动作。

① 检查主电路。首先取下主电路熔体，用万用表分别测量熔断器下接线端子之间的电阻，均应为断路（$R\to\infty$），若某次测量结果为短路（$R\to 0$），则说明所测两相之间的接线有短路现象，应检查并排除故障；其次压下接触器 KM1，重复上述测量，测量结果应为 R（R 为 2 倍电动机绕组电阻或 2/3 电动机绕组电阻），若某次测量结果为断路（$R\to\infty$），则说明所测两相之间的接线有断路现象，应检查找出断路点并排除故障。

② 检查控制电路。首先取下控制电路的熔体，用万用表测量熔断器下接线端子之间的电阻，该电阻应为无穷大，若测量结果为短路（$R\to 0$），则说明控制电路存在短路现象，应检查并排除故障；其次按下按钮 SB3（或 SB4 和 KM 可动部分），测量控制电路电阻值，该电阻值应为接触器线圈电阻值，松开 SB3 后该电阻应为无穷大，否则应检查电路排除故障。

5. 通电试车

上述各项检查完全合格后，清点工具材料，清除安装板上的线头杂物，检查三相电源，将热继电器按照整定电流 9.6A 整定好，在一人操作、一人监护的情况下通电试车，具体步骤为：

（1）连接三相电源等控制板外部的导线。

（2）通电试车前，应熟悉试车操作过程，即先合上低压断路器，然后按下 SB3，再按下 SB4 顺序启动。停车时，先按下停止按钮 SB2，再按下 SB1，M2、M1 逆序停转。

（3）试车时应注意观察电动机和电器元件的状态是否正常。若发现异常现象，应立即切断电源重新检查，排除故障。

（4）试车结束后，断开电源，拆除导线，整理工具材料和操作台。

三、常见故障与检修处理

顺序控制电路（以顺序启动、逆序停止控制电路为例）的常见故障现象有：电动机 M1、M2 均不能启动，M1 启动后 M2 不能启动，逆序停止时 M1、M2 均不能停止等，其故障现象与处理方法见表 5-2。

表 5-2　顺序启停控制电路常见故障的分析与处理

故障现象	故障分析	故障处理
按下 SB3、SB4，M1、M2 均不能启动	1. 低压断路器未接通	1. 检查 QF：如上接线端有电、下接线端没电，则 QF 存在故障，应检修或更换；如果下接线端有电则 QF 正常
	2. 熔断器熔体熔断	2. 更换同规格熔体
	3. 热继电器未复位	3. 复位 FR 常闭触头
M1 启动后，按下 SB4，M2 不能启动	1. KM2 触头未闭合	1. 检查 KM2 线圈回路导线有无脱落，若有脱落则需恢复；检查 KM2 线圈是否损坏，如有损坏则需更换；检查 SB3 按钮是否正常，若不正常则需修复或更换
	2. KM1 辅助触头故障	2. 检查 KM1 辅助常开触头是否闭合，不闭合则需修复
	3. M2 电源缺相或没电	3. 检查 KM1 主触头以下至 M2 部分有无导线脱落，如有脱落则需修复；检查 KM2 主触头是否存在故障，若存在故障则需修复或更换接触器
	4. M2 烧坏	4. 拆下 M2 电源线，检修电动机
M2 未停车，按下 SB1，M1 停车	KM2 辅助常开触头故障	检修 KM2 辅助常开触头及其连接线，若损坏或脱落则需更换或修复
按下 SB2，不能停车	1. SB1、SB2 故障	1. 立即切断电源，首先检查 SB1、SB2 是否被短接或发生熔焊，如果是则应拆除短接物或更换按钮
	2. 接触器主触头故障	2. 检查 KM1、KM2 主触头是否熔焊，若是，则应更换触头

技能训练

工作任务：顺序启停控制电路的安装接线。

任务目标：1. 能正确选用电器元件。

2. 能用万用表对电器元件进行检测。

3. 掌握相关电器元件的电气符号，能按电路图进行正确安装接线。

4. 能按照正确方法检测主电路和控制电路。

5. 培养遵守实验、实习场地规章制度的意识。

任务实施：

1. 准备工作

（1）人员组织：1人。

（2）设备组织：三相异步电动机、低压断路器、交流接触器、热继电器、熔断器、控制按钮、端子板、电工工具一套等。

（3）资料组织：记录本1本，记录笔1支。

2. 实际操作

（1）人员组织：1人。

（2）考核时间：120 min。

（3）测评标准：

项目及配分		考核内容及评分标准
作业程序	35分	1. 能正确选用电器元件，每错选一件扣5分
		2. 能用万用表对电器元件进行检测，每错一处扣5分
质量	35分	1. 能按电路图进行安装接线，每错一处扣5分
		2. 能按照正确方法检测主电路和控制电路，每错一处扣5分
安全及其他	30分	1. 未按规定穿戴工作制服和劳保用品。每少一件扣5分
		2. 使用万用表不正确。每错一处扣5分
		3. 损坏电器元件或万用表扣41分
		4. 每个环节超时5 min扣5分，超时15 min停止考核
合计	100分	

知识拓展：继电器

一、继电器的作用及组成

继电器是一种根据输入信号（电量或非电量）的变化来接通或断开小电流电路，实现自动控制和电力拖动装置保护的电器。它用于各种控制电路中进行信号传递、放大、转换、联锁等，控制主电路和辅助电路中的器件或设备按预定的动作程序进行工作，达到自动控制和保护的目的。控制用继电器一般情况下不直接控制电流较大的主电路，而是通过控制接触器或其他电器来对主电路进行控制。同接触器相比，控制用继电器具有触头分断能力小、结构简单、体积小、重量轻、反应灵敏、动作准确、工作可靠等优点。

电磁式继电器是最常用的继电器，它一般由电磁机构、触头系统、调节装置组成。其结构如图 5-6 所示。

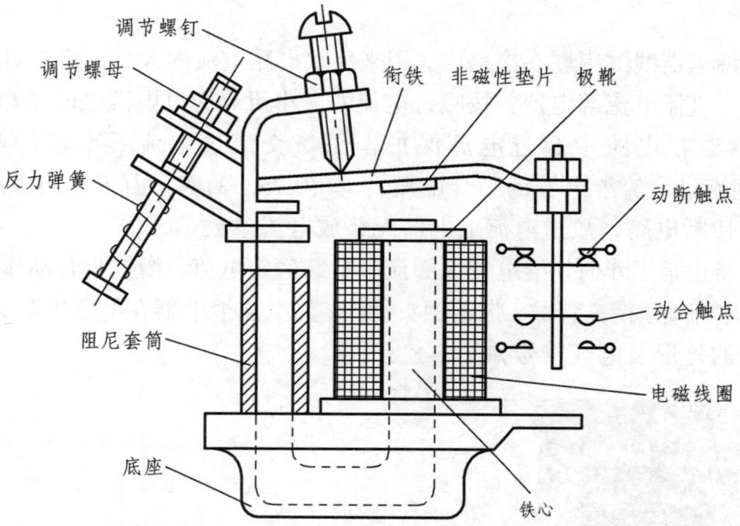

图 5-6　电磁式继电器的结构

二、电磁式继电器的分类和特点

电磁式继电器按输入信号不同分为：电压继电器、电流继电器、时间继电器、速度继电器和中间继电器。按线圈电流种类不同分为：交流继电器和直流继电器。按用途不同分为：控制用继电器、保护用继电器、通信用继电器和安全用继电器等。

三、电压继电器与电流继电器

1. 电压继电器

电压继电器是反映电压变化的控制电器。其线圈与负载并联以反映负载电压，匝数多而导线细。按吸合电压相对于其额定电压大小可分为过电压继电器和欠电压继电器。

过电压继电器在电路中用于过电压保护。当线圈为额定电压时，衔铁不吸合；当线圈电压高于其额定电压（如 $1.2U_N$）时，衔铁才吸合动作。由于直流电路一般不会出现过电压，所以产品中没有直流过电压继电器。

欠电压继电器在电路中用于欠电压保护。当线圈电压低于其额定电压（如 $0.7U_N$）值时，衔铁就吸合，而当线圈电压很低时衔铁才释放。

电压继电器的外形及电气符号如图 5-7 所示。

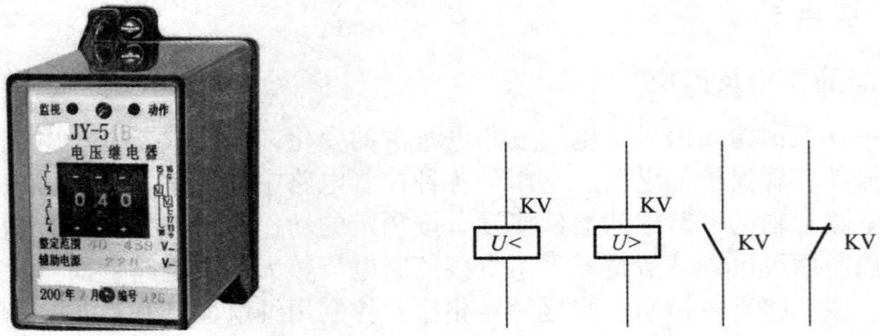

（a）外形　　　　（b）电气符号

图 5-7　电压继电器的外形及电气符号

2. 电流继电器

电磁式电流继电器线圈串联在电路中，用来反映电路电流的大小。按线圈电流的种类分为交流电流继电器与直流电流继电器，按吸合电流的大小可分为过电流继电器和欠电流继电器。

过电流继电器在电路中起过电流保护作用。交流过电流继电器的吸合电流，0 = (1.1 N3.5)/N，直流过电流继电器的吸合电流，o = (0.75—3)/N。由于在出现过电流时其衔铁吸合动作，触头切断电路，故过电流继电器无释放电流参数。

欠电流继电器正常工作时，继电器线圈流过负载额定电流，衔铁吸合动作；当负载电流降低至继电器释放电流时，衔铁释放，带动触头动作。欠电流继电器在电路中起欠电流保护作用。

电流继电器的外形及电气符号如图 5-8 所示。

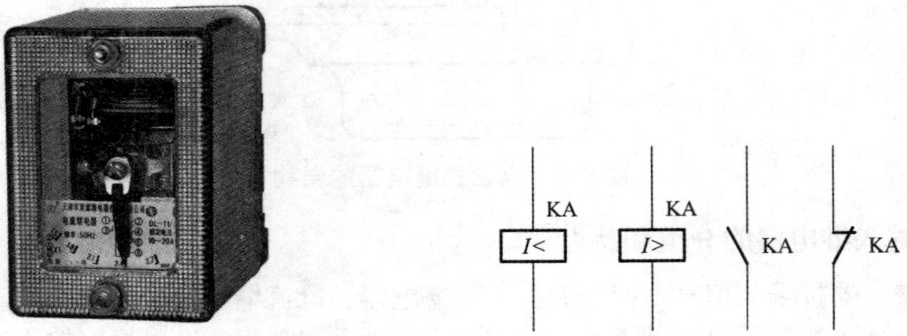

（a）外形　　　　（b）电气符号

图 5-8　电流继电器的外形及电气符号

课后练习

一、技能练习题

1. 在空调设备中，风扇电动机的工作情况要求如下：

（1）先开风扇电动机再开压缩机电动机；

（2）压缩机电动机可以自由停转；

（3）风扇电动机停止时，压缩机电动机随即自动停车。

试设计一个控制电路，画出电路图并安装调试。

2. 顺序启动、逆序停止的控制电路如图 5-9 所示。

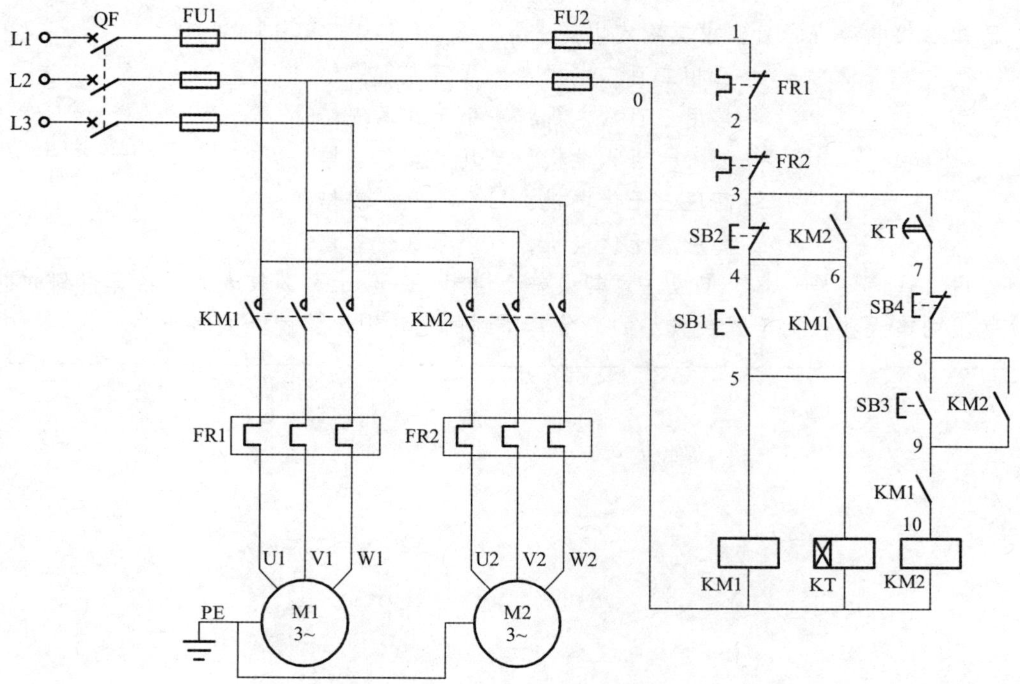

图 5-9　顺序启动、逆序停止的控制电路

（1）分析该控制电路的工作原理。

（2）电动机型号规格如下：

电动机 M1：Y112M-6，2.2 kW，380 V，Y 接法。

电动机 M2：Y112M-6，2.2 kW，380 V，△ 接法。

根据电动机的型号选择合适的元器件并安装电路。

二、知识练习题

1. 选择题

（1）要求几台电动机的启动或停止必须按一定的先后顺序来完成的控制方式，称为电动机的（　　）。

A. 顺序控制　B. 异地控制　C. 多地控制　D. 自锁控制

（2）顺序控制可通过（　　）来实现。

A. 主电路　B. 辅助电路　C. 控制电路　D. 主电路和控制电路

2. 什么是顺序控制？你能画出几个顺序控制的电路图？你能自己设计、备料、安装这些顺序控制的电路吗？

3. 设计 3 条传送带运输机的顺序启动、逆序停止控制电路。要求：

（1）启动顺序为 1 号、2 号、3 号，即顺序启动，以防止货物在传送带上堆积。

（2）停车顺序 3 号、2 号、1 号，即逆序停止，以保证停车后传送带上不残存货物。

试画出 3 条传送带运输机顺序控制、逆序停止的电路图，并分析其工作原理。

小知识　电工速算口诀

已知三相电动机容量，求其额定电流：

三相二百二电机，千瓦三点五安培。
常用三百八电机，一个千瓦两安培。
低压六百六电机，千瓦一点二安培。
高压三千伏电机，四个千瓦一安培。
高压六千伏电机，八个千瓦一安培。

专用口诀简便易心算，但应注意其误差会增大。一般千瓦数较大的，估算得到的电流比铭牌上的略大些；而千瓦数较小的，估算得到的电流则比铭牌上的略小些。

工作任务群六

绕线转子异步电动机控制电路的安装

绕线转子异步电动机的转子可以通过集电环和电刷装置，将转子三相绕组引出来，因此可以在转子回路中串电阻、电抗器、频敏变阻器来改善绕线转子异步电动机的启动及调速性能。本工作任务群主要介绍绕线转子异步电动机的基础知识、转子串电阻启动控制电路的工作原理及安装与调试。

任务一　绕线转子异步电动机的结构认知

知识学习

学习目标：

1. 了解绕线转子异步电动机的结构。
2. 掌握绕线转子异步电动机工作原理。
3. 掌握绕线转子异步电动机的启动方法。

知识要点：

1. 绕线转子异步电动机由定子和转子两大部分组成，其中定子与笼型异步电动机相同，转子由转轴、三相转子绕组、转子铁心、集电环、转子绕组出线头、电刷、刷架、电刷外接线和镀锌钢丝箍等组成。

2. 绕线转子异步电动机适用于要求有较大的启动转矩和较小的启动电流的场合，它可以通过集电环和电刷在转子绕组中串联外加设备来达到减小启动电流、增大启动转矩及调速的目的。

一、绕线转子异步电动机的结构

绕线转子异步电动机的外形如图 6-1 所示。绕线转子电动机由定子和转子两大部分组成，其中定子与笼型异步电动机相同，转子由转轴、三相转子绕组、转子铁心、集电环、转子绕组出线头、电刷、刷架、电刷外接线和镀锌钢丝箍等组成，如图 6-2 所示。

绕线转子异步电动机转子的外形及结构示意图如图 6-3 所示。

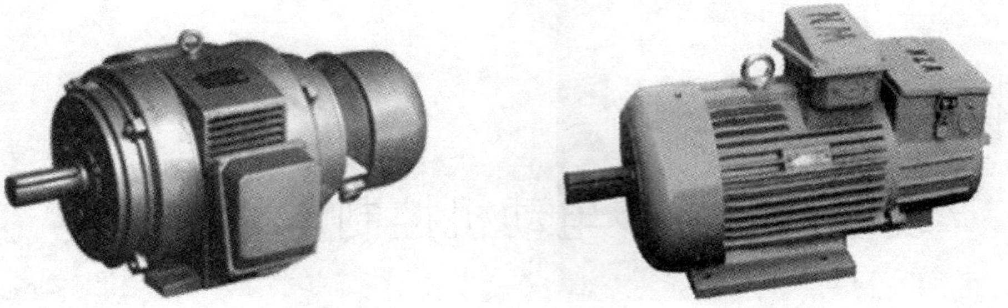

（a）绕线转子集电环电动机　　（b）YZRW 系列绕线转子异步电动机

图 6-1　绕线转子异步电动机

图 6-2　绕线转子异步电动机的结构

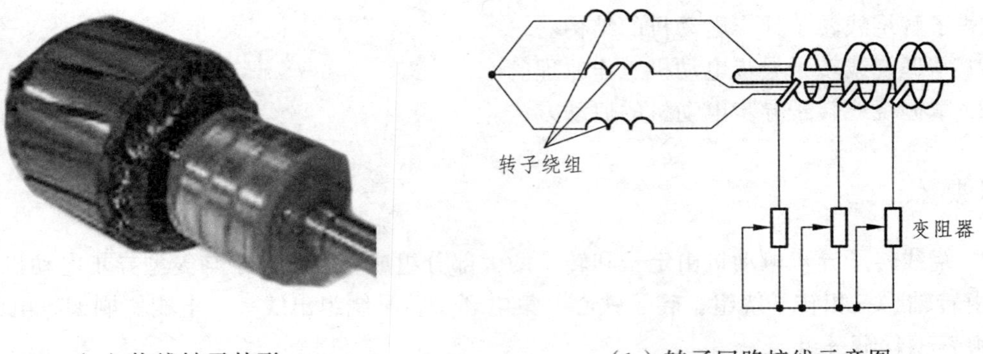

（a）绕线转子外形　　（b）转子回路接线示意图

图 6-3　绕线转子异步电动机转子的外形及结构示意图

二、绕线转子异步电动机的启动

在实际生产中要求启动转矩较大且调速平滑的场合，常常采用绕线转子异步电动机。绕线转子异步电动机常采用转子串电阻及转子串频敏变阻器两种方法启动，以达到减小启动电流、增大启动转矩以及平滑调速的目的。

启动时在转子回路串入 Y 形联结的三相启动电阻，启动时把启动电阻放到最大位置，以减小启动电流，并获得较大的启动转矩；随着电动机转速的升高，逐渐减小启动电阻（或逐段切除）；启动结束后将启动电阻全部切除，电动机在额定状态下运行。

技能训练

工作任务：绕线转子异步电动机的结构认知。

任务目标：1. 认识绕线转子异步电动机的结构。

2. 培养遵守实习场地规章制度的意识。

任务实施：

1. 准备工作

（1）人员组织：1人。

（2）资料组织：记录本1本，记录笔1支。

2. 实际操作

（1）人员组织：1人。

（2）考核时间：30 min。

（3）测评标准：

项目及配分		考核内容及评分标准
作业程序	35分	1. 辨识绕线转子异步电动机的组成部分。每错一处扣5分
		2. 说出电机各个组成部分的作用。每错一处扣5分
质量	35分	1. 画出转子回路接线示意图。每错一处扣5分
		2. 说明绕线转子异步电动机的启动方法。酌情计分
安全及其他	30分	1. 未按规定穿戴工作制服和劳保用品。每少一件扣5分
		2. 损坏电机绕组扣41分
		3. 每个环节超时1 min扣5分，超时5 min停止考核
合计	100分	

任务二　绕线转子异步电动机转子串电阻启动控制电路的安装

知识学习

学习目标：

1. 掌握绕线转子异步电动机转子串电阻启动控制电路的结构。
2. 掌握绕线转子异步电动机转子串电阻启动控制电路的工作原理。
3. 掌握绕线转子异步电动机转子串电阻启动控制电路的安装与调试。

知识要点：

1. 启动时，转子回路所串电阻全部接入。
2. 随着电动机转速的升高，逐级切除所串电阻。
3. 启动完毕，所串电阻全部切除。

一、电路分析

绕线转子异步电动机转子串电阻启动电路如图 6-4 所示。

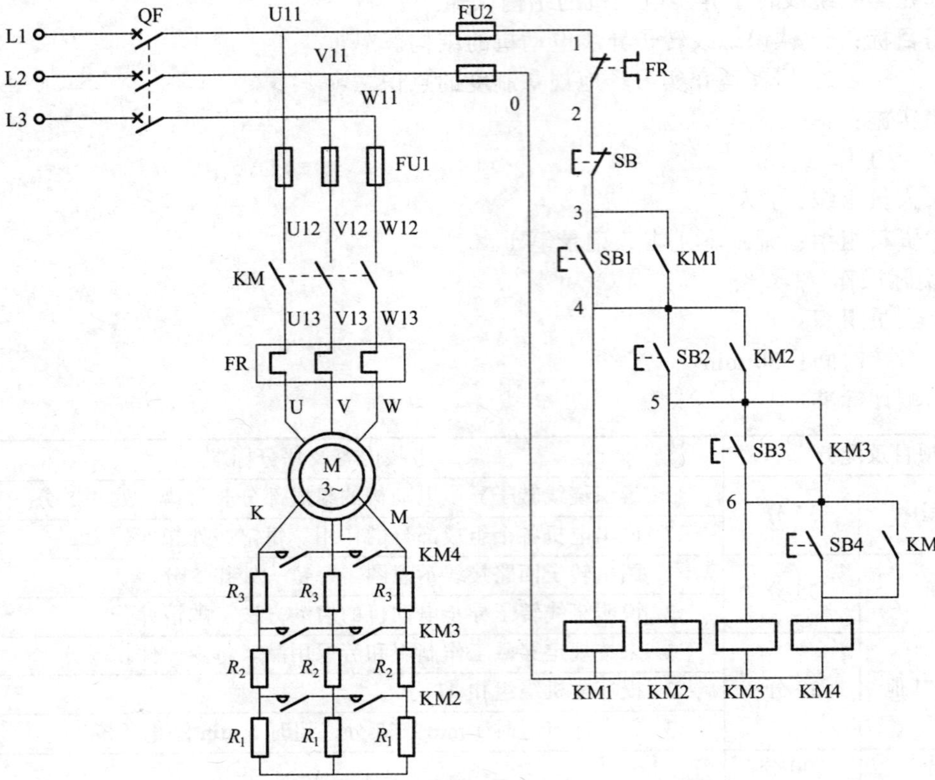

图 6-4　绕线转子异步电动机转子串电阻启动电路

电路的工作原理如下：

（1）合上低压断路器 QF：

按下SB1 → KM1线圈得电 → KM1主触头闭合 / KM1辅助常开触头闭合自锁 → 电动机串全部电阻启动 ①

① 经一定时间 → 按下SB2 → KM2线圈得电 → KM2主触头闭合 → 切除电阻 R_1 / KM2辅助常开触头闭合自锁 → ②

② 经一定时间 → 按下SB3 → KM3线圈得电 → KM3主触头闭合 → 切除电阻 R_2 / KM3辅助常开触头闭合自锁 → ③

③ 经一定时间 → 按下SB4 → KM4线圈得电 → KM4主触头闭合 / KM4辅助常开触头闭合自锁 → ④

④ 切除全部启动电阻启动，电动机额定状态运行。

（2）停车：

按下停止按钮 SB2→所有接触器线圈断电→接触器常开触头断开→电动机断电停转。

电动机启动后，随着转速的逐渐升高，启动电流逐渐下降。图 6-4 所示电路中，启动电阻的逐段切除采用人工操作，是手动控制电路。图 6-5 所示为过电流继电器控制的绕线转子异步电动机转子回路串电阻启动电路，图 6-6 所示为时间继电器控制的绕线转子异步电动机转子回路串电阻启动电路，这两个电路均实现了自动控制。过电流继电器的工作原理可参考“工作任务群五”中的“知识拓展”部分。

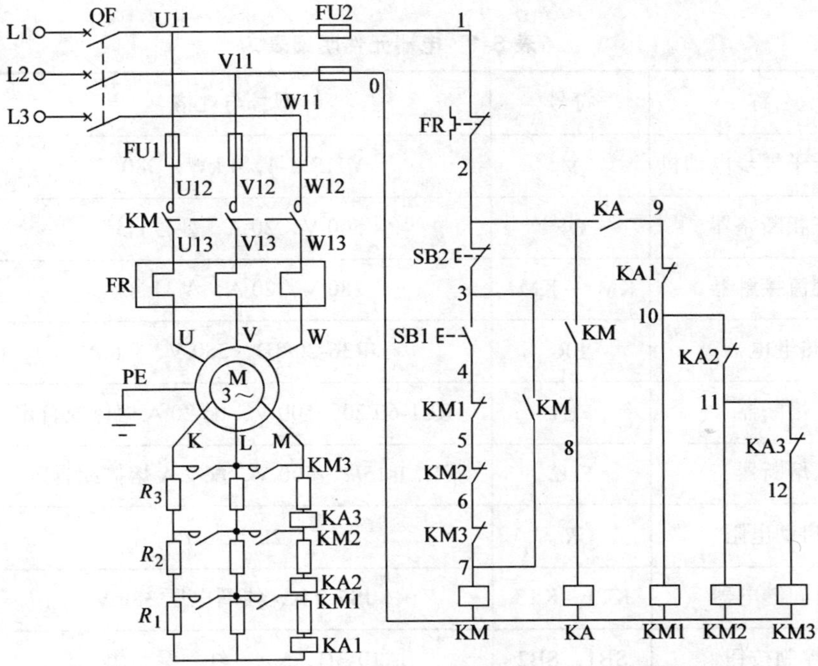

图 6-5　过电流继电器控制的绕线转子异步电动机转子回路串电阻启动电路

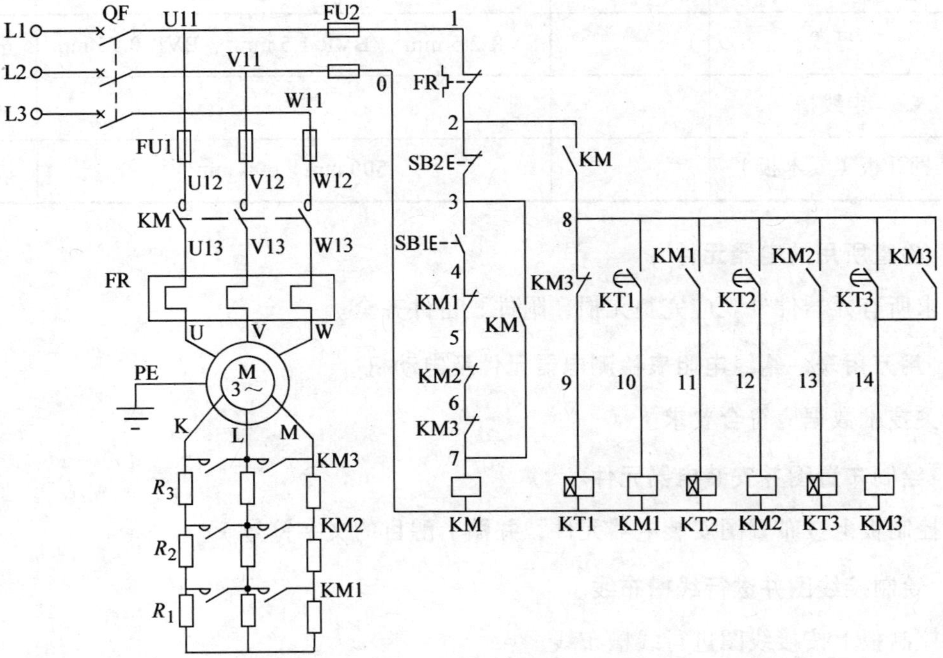

图 6-6　时间继电器控制的绕线转子异步电动机转子回路串电阻启动电路

二、时间继电器控制的绕线转子异步电动机转子回路串电阻启动电路的安装与调试

1. 器材准备

识读时间继电器控制的绕线转子异步电动机转子串电阻启动电路的原理图（见图 6-6），熟悉电路所用电器元件的作用和电路的工作原理。所用电器元件见表 6-1。

表 6-1 电器元件明细表

序号	名称	符号	型号与规格	单位	数量
1	绕线转子异步电动机	M	Y112M-4，4 kW，380 V	台	1
2	三相断路器	QF	500 V，20 A，型号自定	个	1
3	交流接触器	KM1 ~ KM4	380 V，20 A，型号自定	个	4
4	热继电器	FR	JR36-20/3D，380 V，9.6 A	个	1
5	熔断器	FU1	RL1-60/20，500 V，配 20 A 熔体或自定	个	3
6	熔断器	FU2	RL1-15/2，500 V，配 2 A 熔体或自定	个	2
7	启动电阻	*R*	2k-12-6/1	只	1
	时间继电器	KT1 ~ KT3	JS7-2 A，线圈电压 380 V	个	3
8	控制按钮	SB1，SB2	LA10-3H，5 A，红、绿、黑三色	个	1
9	端子板	XT	JX2-1015	条	1
10	导线		BVR 2.5 mm^2、BVR 1.5 mm^2、BVR 0.75 mm^2	m	若干
11	走线槽			m	若干
12	网孔板（或木板）		500 mm × 600 mm	块	1

2. 检查所用的电器元件

要求所有元器件外观应完整无损，附件、备件齐全。

3. 用万用表、绝缘电阻表检测电器元件及电动机

有关技术数据应符合要求。

4. 绘制布置图并安装电器元件

在控制板上按布置图安装电器元件，并贴上醒目的文字符号。

5. 绘制接线图并进行线槽布线

在控制板上按接线图进行线槽布线。

6. 接线完毕，用万用表检查控制电路是否存在故障

具体方法参照“工作任务群五”的检测方法，用万用表检查电路通断情况，用手动操作来模拟触头分合动作。如存在故障则应先排除，经教师检查合格后再通电试车，如无故障经教师复查后通电试车。

特别提示

1. 安装接线要按电路安装工艺进行。

2. 按 0.95～1.05 倍电动机额定电流调整热继电器的整定电流；时间继电器延时时间要在通电前进行整定。

3. 电阻器要尽可能放在箱体内，若置于箱体外，必须采取遮护或隔离措施，以防发生触电事故。

4. 如果出现故障，要立即切断电源，并独立分析、检修，注意不要惊慌失措。如果需要通电试车或带电检修时，须有教师现场监护。

5. 通电试车成功后，将工具、器件以及导线放在规定位置，并清理好现场。

技能训练

工作任务： 绕线转子异步电动机转子串电阻启动电路的安装与调试。

任务目标： 1. 能正确选用电器元件。

2. 能用万用表对电器元件进行检测。

3. 掌握相关电器元件的电气符号，能按电路图进行正确的安装接线。

4. 能按照正确方法检测主电路和控制电路。

5. 培养遵守实验、实习场地规章制度的意识。

任务实施：

1. 准备工作

（1）人员组织：1 人。

（2）资料组织：记录本 1 本，记录笔 1 支。

2. 实际操作

（1）人员组织：1 人。

（2）考核时间：120 min。

（3）测评标准：

项目及配分		考核内容及评分标准
作业程序	35 分	1. 能正确选用电器元件，每错选一件扣 5 分
		2. 能用万用表对电器元件进行检测，每错一处扣 5 分
质量	35 分	1. 能按电路图进行正确的安装接线，每错一处扣 5 分
		2. 能按照正确方法检测主电路和控制电路，每错一处扣 5 分
安全及其他	30 分	1. 未按规定穿戴工作制服和劳保用品。每少一件扣 5 分
		2. 使用万用表不正确。每错一处扣 5 分
		3. 损坏电器元件或万用表扣 41 分
		4. 每个环节超时 5 min 扣 5 分，超时 15 min 停止考核
合计	100 分	

知识拓展：绕线转子异步电动机转子串频敏变阻器启动控制电路

绕线转子异步电动机采用转子串电阻启动时，若要获得良好的启动特性，一般需要多级启动电阻，电路复杂、成本高、维修不便，且逐级切除电阻时会产生一定的机械冲击力。因此，对于工矿企业中不频繁启动的设备，广泛采用频敏变阻器代替启动电阻来控制绕线转子异步电动机的启动。

一、频敏变阻器的工作原理

频敏变阻器的外形、结构和电气符号如图 6-7 所示。

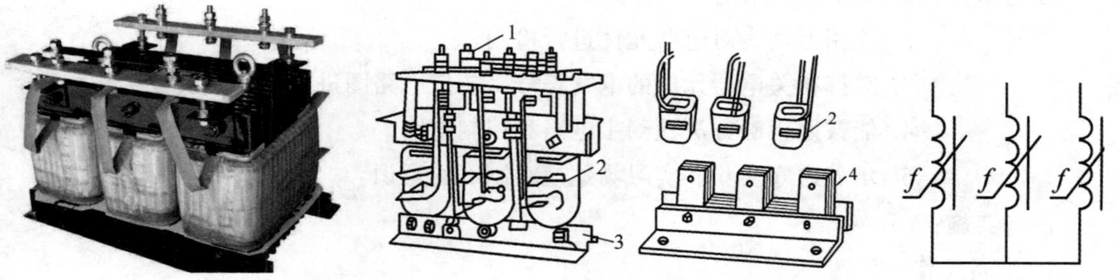

（a）外形　　（b）结构　　（c）电气符号

1—接线柱；2—线圈；3—底座；4—铁心。

图 6-7　频敏变阻器的外形、结构和电气符号

频敏变阻器实际上是一个铁心损耗非常大的三相电抗器，它有一个三柱铁心，每个柱上有一个绕组，三相绕组一般接成星形。频敏变阻器的阻抗随着电流频率的变化而有明显的变化：电流频率高时，阻抗值也高；电流频率低时，阻抗值也低。在电动机启动瞬间，转子电流频率最大，此时频敏变阻器的等效阻抗也最大（R_f 与 X_d 最大），限制了启动电流，并可获得较大启动转矩。随着转子转速的升高，电流频率逐渐降低，频敏变阻器的等效阻抗也自动减小，从而使电动机转速平滑上升，电动机可以近似地得到恒转矩特性，实现了电动机的无级启动。启动完毕后切除频敏变阻器即可。

二、转子串频敏变阻器启动控制电路的原理分析

转子串频敏变阻器启动控制电路如图 6-8 所示。

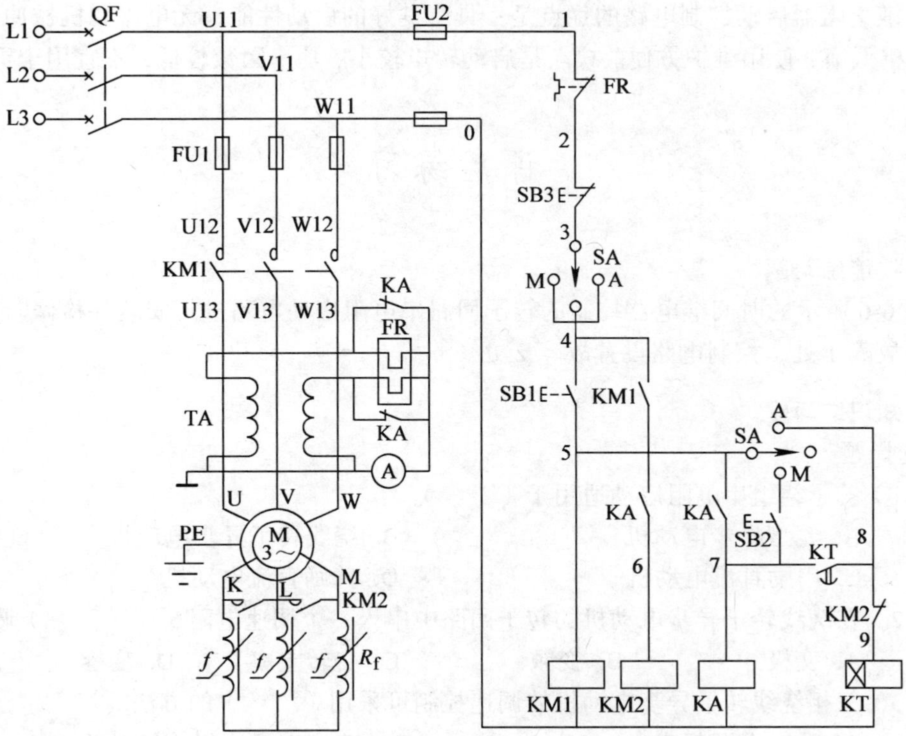

图 6-8　转子串频敏变阻器启动控制电路

启动过程可分为自动控制和手动控制，由转换开关 SA 完成。

（1）自动控制启动过程：合上断路器 QF，接通三相电源，SA 扳向自动位置（A）。

按下SB1 → KM1线圈得电 → KM1主触头闭合 → 电动机串频敏变阻器启动
　　　　　　　　　　　　→ KM1辅助触头闭合自锁
　　　　→ KT得电 —（时间继电器延时时间到）→ KT延时闭合常开闭合 → KA得电 → KA常闭触头断开 → FR接入二次回路实施保护
　　　　　　　　　　　　　　　　　　　　　　　　　　　　　　　　　　　→ KA常开触头闭合 → KM2得电 → KM2常开触头闭合 —（频敏变阻器 R_f 被切除）→ 电动机额定状态运行

起过载保护作用的热继电器接在电流互感器的二次侧，这是为了提高热继电器的灵敏度和可靠性。另外，在启动期间，中间继电器 KA 的常闭触头将热继电器的热元件短接，是为了防止启动电流大引起热继电器误动作。在进入正常运行后，KA 常闭触头断开，热继电器接入电流互感器二次回路，进行过载保护。

（2）手动控制启动过程：合上断路器 QF，接通三相电源，SA 扳至手动位置（M），时间继电器 KT 不起作用。用按钮 SB2 手动控制中间继电器 KA 和接触器 KM2，启动完成后短接频敏变阻器 R_f。

串频敏变阻器启动控制电路的优点是：具有良好的启动性能，无电流和机械冲击，结构简单，价格低廉，使用维护方便。缺点是启动转矩较小、功率因数较低，不宜用于重载启动。

课后练习

一、技能练习题

对图 6-6 所示的时间继电器控制的转子回路串电阻启动电路进行安装并检修。要求：主电路设置故障 1 处，控制电路设置故障 2 处。

二、知识练习题

1. 选择题

（1）转子绕组串电阻启动适用于（　　）。

A. 笼型异步电动机　　B. 绕线转子异步电动机

C. 串励直流电动机　　D. 并励直流电动机

（2）在绕线转子异步电动机的转子回路中串入一个调速电阻属于（　　）调速。

A. 变极　　B. 变频　　C. 变转差率　　D. 变容

（3）三相绕线转子异步电动机的调速控制可采用（　　）的方法。

A. 改变电源频率　　B. 改变定子绕组磁极对数

C. 转子回路串联频敏变阻器　　D. 转子回路串联可调电阻

（4）过电流继电器在电路中主要起到（　　）的作用。

A. 欠电流保护　　B. 过载保护　　C. 过电流保护　　D. 短路保护

（5）频敏变阻器是一种阻抗值随（　　）明显变化、静止的、无触点的电磁元件。

A. 频率　　B. 电压　　C. 转差率　　D. 电流

（6）转子绕组串频敏变阻器启动的方法不适用于（　　）启动。

A. 空载　　B. 轻载　　C. 重载　　D. 空载或轻载

2. 判断题

（1）绕线转子异步电动机不能直接启动。（　　）

（2）要使三相绕线转子异步电动机的启动转矩为最大转矩，可以通过在转子回路中串入合适电阻的方法来实现。（　　）

（3）只要在绕线转子电动机的转子回路中接入调速电阻，通过改变电阻的大小，就可以平滑调速。（　　）

（4）电流继电器的动作值与释放值只能通过调整反力弹簧的方法来整定。（　　）

（5）三相绕线转子异步电动机转子串频敏变阻器启动是为了限制启动电流，增大启动转矩。（　　）

小知识　导线载流量的估算

★铝导线载流量估算口诀

二点五下乘以九，往上减一顺号走。

兰十五乘三点五，双双成组减点五。

条件有变加折算，高温九折铜升级。

穿管根数二三四，八七六折满载流。

导线截面积/mm^2	1	1.5	2.5	4	6	10	16	25	35	50	70	96	120
载流是截面积的倍数	9			8	7	6	5	4	3.5	3		2.5	
载流量	9	14	23	32	48	60	90	100	123	150	210	238	300

注意：各种导线的载流量（安全电流）通常可以从手册中查找。但利用口诀再配合一些简单的心算，便可以直接算出，不必查表。若选择铜导线，则比表中铝导线低一个线号。

★导线载流量经验法选择

导线的安全载流量是根据所允许的线芯最高温度、冷却条件、敷设条件来确定的。一般铜导线的安全载流量为 5 ~ 8 A/mm^2，铝导线的安全载流量为 3 ~ 5 A/mm^2。

工作任务群七

三相异步电动机降压启动控制电路的安装

电动机接通电源后转速从零增至稳定转速的过程，称为启动。衡量异步电动机启动性能的主要指标是启动电流与启动转矩。异步电动机在额定电压下直接启动时，它的启动电流是额定电流的 5 ~ 7 倍，启动转矩是额定转矩的 1.1 ~ 1.8 倍。

启动电流过大，会导致供电线路产生很大的电压降，这会使电动机本身的启动转矩减小甚至不能启动（启动转矩与电源电压的平方成正比），而且影响同一供电线路上其他电气设备的正常工作。

为了消除启动电流过大的不利影响，必须采用适当的启动方法。在生产实际中，鼠笼式异步电动机一般采用降压的启动方式，绕线式异步电动机一般采用转子回路串接启动电阻的启动方式。本工作任务群主要介绍降压启动（包括定子绕组串电阻降压启动、自耦变压器降压启动、Y-△降压启动）控制电路的工作原理及其电路的安装、检查和调试。

任务一　定子绕组串电阻降压启动控制电路的安装

知识学习

学习目标：

1. 掌握三相异步电动机定子绕组串电阻降压启动的方法。
2. 掌握三相异步电动机定子绕组串电阻降压启动的工作原理。
3. 了解串联电阻的选取方法。

知识要点：

1. 定子绕组串电阻降压启动的实质是：串联电阻上有部分电压降，使得定子绕组上的电压低于电源电压，进一步减小启动电流。待电动机启动后，切除串联在定子绕组回路的电阻，电动机全压运行。

2. 降压启动的目的在于减小启动电流，但启动转矩也将降低，因此降压启动仅适用于电动机空载或轻载启动。

一、定子绕组串电阻降压启动控制电路

定子绕组串电阻降压启动控制电路如图 7-1 所示。电动机启动时在三相定子回路中串联

电阻，通过电阻的分压作用，使电动机定子绕组两端的电压降低，启动后再将电阻短接，电动机在额定电压下正常运行。

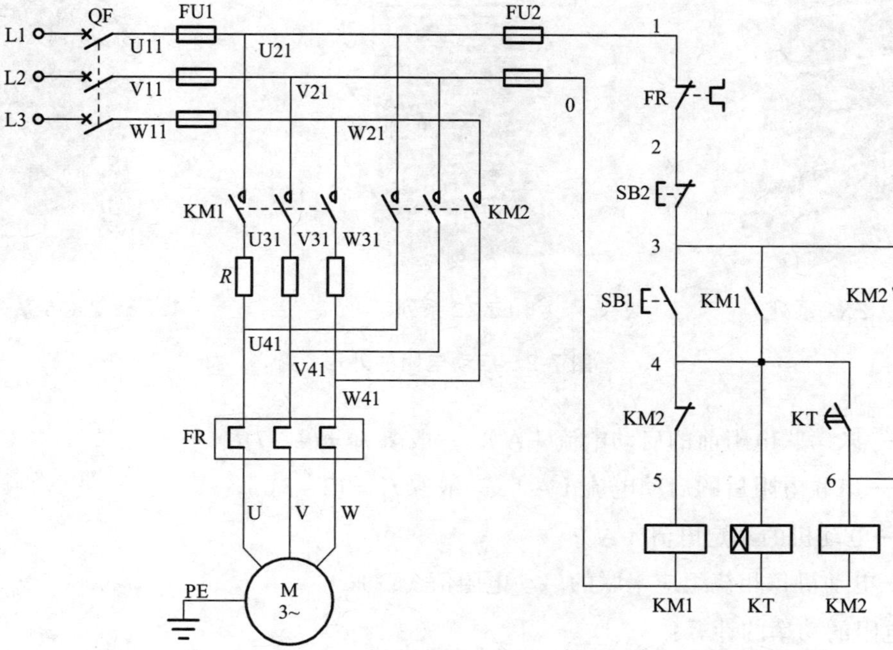

图 7-1　定子绕组串电阻降压启动控制电路

其工作原理如下：

（1）合上低压断路器 QF：

按下SB1 → KM1线圈通电 → KM1常开触头闭合 → 实现自锁；KM1主触头闭合 → 电动机M串电阻减压启动

按下SB1 → KT线圈得电 —KT延时时间到→ KT常开触头闭合 → KM2线圈得电 → ①

① → KM2常开触头闭合 → 实现自锁

① → KM2主触头闭合 → R被短接 → 电动机M全压运行

① → KM2常闭触头断开 → 实现互锁

（2）停车：按下停车按钮 SB2，KM2 线圈断电释放，电动机 M 停转。

启动电阻一般采用由电阻丝绕制的板式电阻或铸铁电阻，它的阻值小、功率大，允许通过较大的电流。常用的启动电阻有 ZX1、ZX2、ZX15 等系列，其外形如图 7-2 所示。ZX1、ZX15 系列的电阻器容量约为 4.6 kW，ZX2 系列的电阻器容量约为 3.5 kW。

每相串联的降压启动电阻可用以下经验公式计算：

$$R = 190 \times \frac{I_{st} - I'_{st}}{I_{st} I'_{st}} \tag{7-1}$$

（a）ZX1 系列　　（b）ZX2 系列　　（c）ZX15 系列

图 7-2　启动电阻的外形

式中：I_{st}——未串联电阻前的启动电流（A），一般取 $I_{st}=(4\sim7)I_N$；

I'_{st}——串联电阻后的启动电流（A），一般取 $I'_{st}=(2\sim3)I_N$；

I_N——电动机的额定电流（A）；

R——电动机每相绕组应串联的启动电阻值（Ω）。

每相电阻的功率的计算：

$$P=I'^2_{st}R \tag{7-2}$$

由于启动电阻 R 只在启动时接入，而启动时间又很短，所以实际选用的电阻功率可为计算值的 1/3 ~ 1/4。

例　一台三相鼠笼式异步电动机，功率为 20 kW，额定电流为 38.4 A，额定电压为 380 V，各相应串联多大的启动电阻进行降压启动？

解　选取　$I_{st}=6I_N=6\times38.4\ \text{A}=230.4\ \text{A}$

$I'_{st}=2I_N=2\times38.4\ \text{A}=76.8\ \text{A}$

启动电阻值　$R=190\times\dfrac{I_{st}-I'_{st}}{I_{st}I'_{st}}=190\times\dfrac{230.4-76.8}{230.4\times76.8}\ \Omega\approx1.65\ \Omega$

启动电阻的功率

$$P=\frac{1}{3}I'^2_{st}R=\frac{1}{3}\times76.8^2\times1.65\ \text{W}\approx3\ 244\ \text{W}=3.244\ \text{kW}$$

因此，选择 ZX2-1/0.2 型电阻器，其总阻值为 2.0 Ω，额定电流为 42 A，功率约为 3.5 kW，即可满足要求。

定子串电阻降压启动不受电动机接线形式的限制，设备简单，但是能量损耗较大。为了节省能量可采用电抗器代替电阻，控制电路与电动机定子串电阻降压启动控制电路相同。

技能训练

工作任务：定子绕组串电阻降压启动控制电路的安装。

任务目标：1. 能正确选用相关电器元件。

2. 能用万用表对元器件进行检测。

3. 能按照图纸正确安装降压启动控制电路。

4. 能用万用表对控制电路进行通电前的检查。

任务实施：

1. 准备工作

（1）人员组织：1人。

（2）资料组织：记录本1本，记录笔1支。

2. 实际操作

（1）人员组织：1人。

（2）考核时间：120 min。

（3）测评标准：

项目及配分		考核内容及评分标准
作业程序	35分	1. 能正确选用相关电器元件。每错一处扣5分
		2. 会用万用表对元器件进行检测。每错一处扣5分
		3. 能按照图纸正确安装降压启动控制电路，每错一处扣5分
质量	35分	1. 能按照正确方法检测主电路和控制电路，每错一处扣5分
		2. 工具使用方法正确，线路规范、美观，酌情计分
安全及其他	30分	1. 未按规定穿戴工作制服和劳保用品。每少一件扣5分
		2. 使用万用表不正确。每错一处扣5分
		3. 损坏电器元件或万用表扣41分
		4. 每个环节超时1 min扣5分，超时5 min停止考核
合计	100分	

任务二　自耦变压器降压启动控制电路的安装

知识学习

学习目标：

1. 掌握三相异步电动机自耦变压器降压启动的方法

2. 掌握三相异步电动机自耦变压器降压启动的工作原理。

知识要点：

1. 自耦变压器降压启动的实质是：启动时，将三相电源接在自耦变压器的输入端，而自耦变压器的输出端接三相异步电动的定子绕组，通过改变自耦变压器输出电压的大小，达到降压启动的目的。启动完毕后，切除加在自耦变压器输入端的三相电源，将三相异步电动机的定子绕组直接接在电源上，全压运行。

2. 自耦变压器降压启动的方法适用于电动机容量较大、不频繁启动的场合。

一、自耦变压器降压启动控制电路

自耦变压器（补偿器）降压启动是指利用自耦变压器来降低加在电动机三相定子绕组上的电压，达到限制启动电流的目的。电动机启动时，定子绕组得到的电压是自耦变压器的二次电压，一旦启动完毕，自耦变压器便被切除，电动机全压正常运行。图 7-3（c）所示为自耦变压器星形接线示意图。

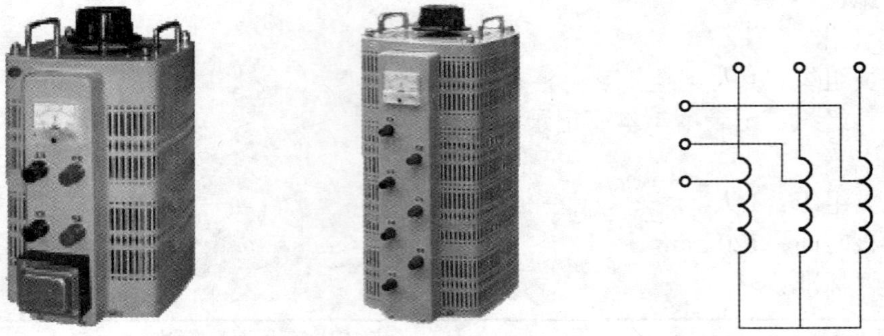

（a）外接单相　　（b）外接三相　　（c）接线示意图

图 7-3　自耦变压器

自耦降压启动器分为手动与自动两种操作方式。手动操作的有 QJ3、QJ5 等型号，自动操作的有 XJ01 型和 Crl2 系列等。QJ3 型手动操作自耦降压启动有 65%、80% 两组抽头，可以根据启动时负载的大小来选择，出厂时接在 65% 的抽头上。XJ01 型自耦降压启动器适用于 14 ~ 28 kW 的电动机，其控制电路如图 7-4 所示，该控制电路由自耦变器、交流接触器、中间继电器、热继电器、时间继电器和按钮等电器元件组成。其工作原理为：

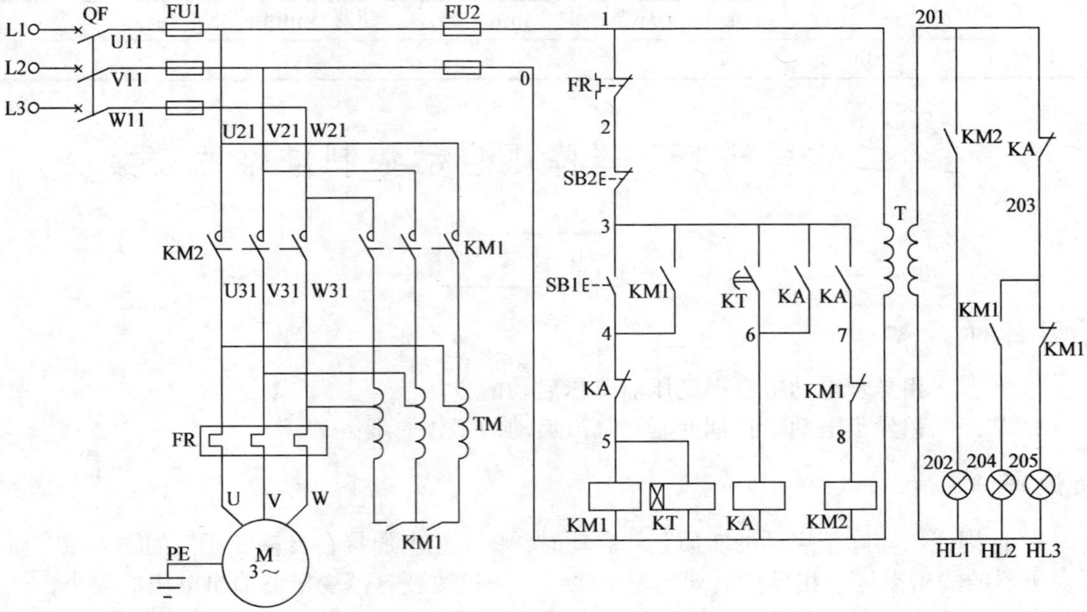

图 7-4　自耦补偿降压启动控制电路

（1）合上低压断路器 QF：

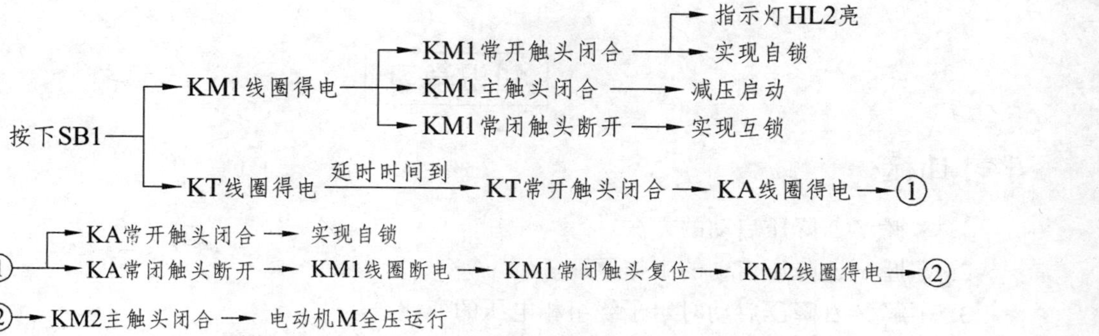

（2）停车：按下停车按钮 SB2，控制电路断电，电动机 M 停转。

在实际应用中，自耦变压器降压启动方法适用于电动机容量较大、不频繁启动的场合。

技能训练

工作任务：自耦变压器降压启动控制电路的安装。

任务目标：1. 能正确选用相关电器元件。

2. 能用万用表对元器件进行检测。

3. 能按照图纸正确安装降压启动控制电路。

4. 能用万用表对控制电路进行通电前的检查。

任务实施：

1. 准备工作

（1）人员组织：1 人。

（2）资料组织：记录本 1 本，记录笔 1 支。

2. 实际操作

（1）人员组织：1 人。

（2）考核时间：120 min。

（3）测评标准：

项目及配分		考核内容及评分标准
作业程序	35 分	1. 能正确选用相关电器元件。每错一处扣 5 分
		2. 会用万用表对元器件进行检测。每错一处扣 5 分
		3. 能按照图纸正确安装降压启动控制电路，每错一处扣 5 分
质量	35 分	1. 能按照正确方法检测主电路和控制电路，每错一处扣 5 分
		2. 工具使用方法正确，线路规范美观，酌情计分
安全及其他	30 分	1. 未按规定穿戴工作制服和劳保用品。每少一件扣 5 分
		2. 使用万用表不正确。每错一处扣 5 分
		3. 损坏电器元件或万用表扣 41 分
		4. 每个环节超时 1 min 扣 5 分，超时 5 min 停止考核
合计	100 分	

任务三 Y-△ 降压启动控制电路的安装

知识学习

学习目标：

1. 掌握 Y-△降压启动的方法。
2. 掌握 Y-△降压启动的工作原理。
3. 了解 Y-△降压启动时定子绕组相电压的变化。

知识要点：

1. Y-△降压启动的实质：电动机启动时，把定子绕组接成 Y 形，以降低启动电压、限制启动电流，待电动机启动后，再把定子绕组改接成△形，全压运行。

2. 只有正常运行时定子绕组接成△形的鼠笼式异步电动机才可以采用 Y-△ 降压启动的方法。

3. Y 形接法启动电流为△接法时的 1/3，启动转矩也只有△接法时的 1/3，因此 Y-△ 降低启动的方法只适用于电动机空载和轻载启动。

一、电路分析

1. Y–△ 降压启动电路的工作原理

图 7-5 所示为定子绕组 Y-△接线示意图。U1、V1、W1 为三相绕组的首（尾）端；U2、V2、W2 为三相绕组的尾（首）端，当 KM_Y 的常开主触头闭合、$KM_△$ 的常开主触头断开时，三相绕组为 Y 接法，如图 7-5（b）所示；当 KM_Y 的常开主触头断开、$KM_△$ 的常开主触头闭合时为 △ 接法，如图 7-5（c）所示。

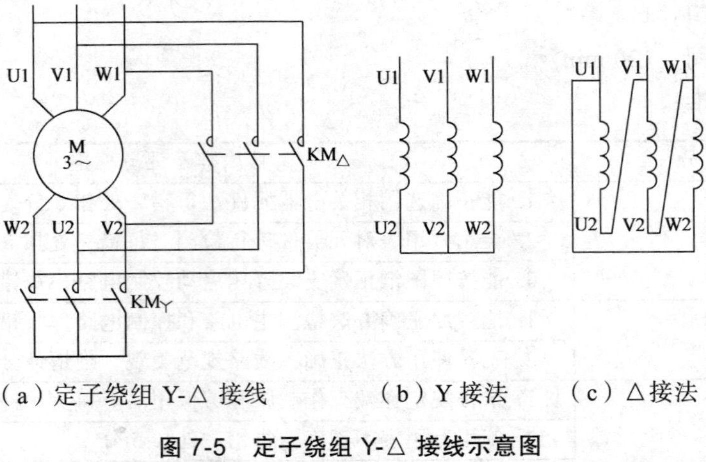

（a）定子绕组 Y-△ 接线　　（b）Y 接法　　（c）△接法

图 7-5　定子绕组 Y-△ 接线示意图

2. Y–△ 降压启动控制电路分析

常用的 Y-△ 降压启动器有 QX3-13、QX3-30、QX3-55、QX3-125 等型号，其中 QX3 后

面的数字是指额定电压为 380 V 时，启动器可控制的电动机的最大功率值（以 kW 计）。

图 7-6 所示为用 QX3-13 型降压启动器启动的 Y-△ 降压启动控制电路。图中主电路通过三个接触器 KM、$KM_{\triangle}$、KM_Y 主触头的通断配合，将电动机的定子绕组分别接成 Y 形和△形。

当 KM、KM_Y 线圈通电吸合时，定子绕组接成 Y 形；当 KM、$KM_{\triangle}$ 线圈通电吸合时，定子绕组接成 △ 形。时间继电器 KT 用来控制电动机绕组 Y 启动的时间和△运行状态的改变。

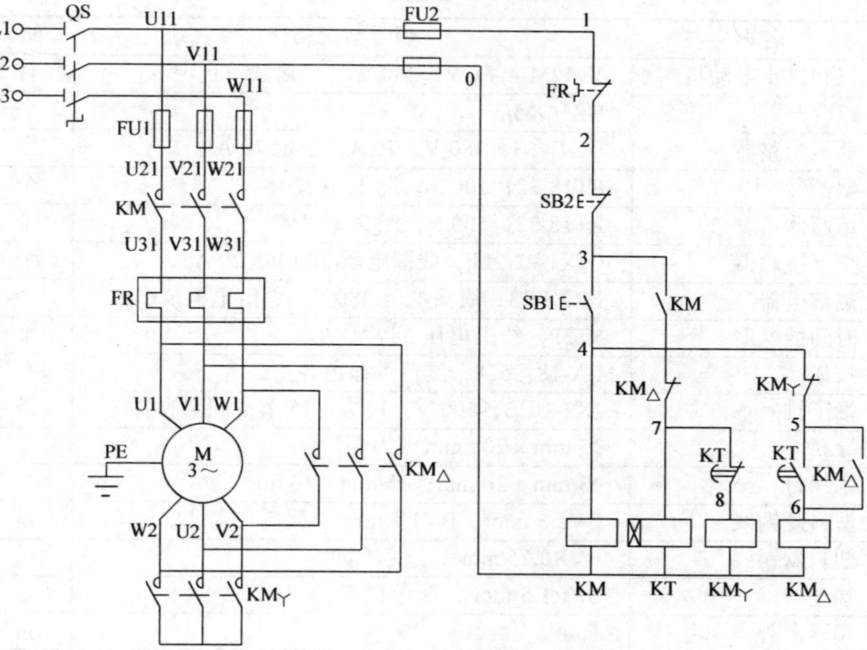

图 7-6　Y-△ 降压启动控制电路

电路的工作原理如下：

（1）合上总电源开关 QS，启动：

按下SB1 →
- KM线圈得电 →
  - KM常开触头闭合 → 实现自锁
  - KM主触头闭合，为电动机M启动做准备 → 电动机Y形减压启动
- KM_Y线圈得电 →
  - KM_Y主触头闭合 → 电动机Y形减压启动
  - KM_Y常闭触头断开 → 实现互锁
- KT线圈得电 → 延时时间到 →
  - KT延时常闭触头断开 → KM_Y线圈断电 → ①
  - KT延时常开触头闭合 → $KM_{\triangle}$线圈得电 → ②

① →
- KM_Y主触头断开
- KM_Y常闭触头复位 → 解除互锁，为$KM_{\triangle}$得电做好准备

② →
- $KM_{\triangle}$常开触头闭合 → 实现自锁
- $KM_{\triangle}$主触头闭合 → 电动机△形联结全压运行
- $KM_{\triangle}$常闭触头断开 →
  - KT线圈得电
  - 实现互锁，使KM_Y无法得电

（2）停车：按下 SB2 停车按钮，控制电路断电，电动机 M 停转。

二、器材准备

1. 电器元件明细表

识读 Y-△ 降压启动控制电路的原理图，熟悉所用电器元件的作用和电路的工作原理。所用工具、设备见表 1-2，所用电器元件见表 7-1。

表 7-1 电器元件明细表

序号	名称	型号与规格	单位	数量
1	三相异步电动机	Y112M-4.4 kW，380 V，△ 接法或自定	台	1
2	组合开关	HZ10-25/3	个	1
3	低压断路器	DZ47-63，380 V，20 A，整定 10 A	个	1
4	熔断器	RT18-32，500 V，配 10 A 熔体	个	3
5	熔断器	RT18-32，500 V，配 2 A 熔体	个	2
6	交流接触器	CJX1-22/22F，线圈电压 380 V，20 A	个	3
7	热继电器	LR2-D13，线圈电压 380 V，整定电流 9.6 A	个	1
8	时间继电器	ST3P，线圈电压 380 V	个	1
9	按钮	LA-18，5 A，红色、绿色各 1	个	2
10	端子排	JX2-1015，500 V，10 A，15 节或配套自备	条	1
11	导轨	35 mm × 200 mm		若干
12	木螺钉	ϕ3 mm × 20 mm；ϕ3 mm × 15 mm	个	30
13	塑料硬铜线	BV2.5 mm^2，BV1.5 mm^2，颜色自定	m	若干
14	塑料软铜线	BVR0.75 mm^2，颜色自定	m	若干
15	接地线	BVR1.5 mm^2，颜色自定	m	若干
16	编码套管	自定	m	若干
17	别径压端子	UT2.5-4，UT1-4	个	20

2. 电器元件质量检查

按表 7-1 配齐所用电器元件并进行质量检验。电器元件应完好无损，各项技术指标符合规定要求，否则应予以更换。

三、Y-△ 降压启动控制电路的安装

（1）绘制布置图和接线图。

（2）安装、布线。在控制板上按布置图安装电器元件，并贴上醒目的文字符号。在控制板上按接线图进行线槽布线。安装电器元件的工艺要求和板前明线布线的工艺要求同工作任务群二。

（3）安装电动机、连接外部导线。安装电动机要做到安装牢固平稳，以防产生滚动而引起事故；连接电动机和按钮金属外壳的保护接地线；连接电动机、电源等控制板外部的导线。电动机连接线采用绝缘性能良好的橡胶皮导线进行通电校验。

（4）自检电路。安装完毕的控制板，必须按如下要求进行认真检查，确保无误后才允许通电试车。

① 根据电路图、接线图，从电源端开始，逐段核对接线有无漏接、错接之处，检查导线接点是否符合要求、压接是否牢固，以免带负载运行时产生闪弧现象。

② 用万用表检查电路的通断情况，用手动操作来模拟触头分合动作。

（5）通电试车。上述各项检查完全合格后，清点工具材料，清除安装板上的线头杂物，检查三相电源，将热继电器的动作电流整定好（整定电流大小的确定见“特别提示”部分）。在一人操作、一人监护下通电试车。试车结束后，断开电源，先拆除三相电源线，再拆除电动机负载线。

特别提示

1. Y-△ 降压启动电路只适用于正常运行时定子绕组接成△形的鼠笼式异步电动机，并且定子绕组在△接时的额定电压应等于三相电源线电压。

2. 接线时应先将电动机接线盒的连接片拆除。接线时要保证△形接法的正确性，且接触器 KM_Y 主触头闭合时，应保证定子绕组的 U1 与 W2、V1 与 U2、W1 与 V2 相连接。

3. 接线时应特别注意电动机定子绕组的首尾端接线相序不可有错，如果接线有错，在启动和运行时电动机转向相反，电动机会因突然反转使电流剧增而烧毁或造成掉闸事故。

4. 通电前检查熔体规格、热继电器、时间继电器的整定值是否符合要求。关于时间继电器的整定时间，应注意以下几点：

① 启动时间过短，电动机的转速还未提起来，这时如果切换到全压运行，电动机的启动电流还会很大，易造成电网电压波动。

② 若启动时间过长，电动机不能从 Y 接法切换到△接法运行，此时电源线电流不一定会超过热继电器的整定值，热继电器不会动作，但电动机绕组的电流却已超过额定值，会因低电压、大电流导致电动机发热烧毁。

为了防止启动时间过短或过长，时间继电器的定时时间一般按电动机功率整定，即每千瓦 0.6～0.8 s。在现场可用钳形电流表来观察电动机启动过程中的电流变化，电流从刚启动时的最大值下降到不再下降时的时间，就是时间继电器的整定值。

5. 电动机 Y-△ 降压启动控制电路，由于启动转矩只有△接法时的 1/3，所以只适用于轻载或空载电动机的启动。

技能训练

工作任务： Y-△ 降压启动控制电路的安装。

任务目标： 1. 能正确选用相关电器元件。

2. 能用万用表对元器件进行检测。

3. 能按照图纸正确安装降压启动控制电路。

4. 能用万用表对控制电路进行通电前的检查。

任务实施：

1. 准备工作

（1）人员组织：1 人。

（2）资料组织：记录本 1 本，记录笔 1 支。

2. 实际操作

（1）人员组织：1 人。

（2）考核时间：120 min。

（3）测评标准：

项目及配分		考核内容及评分标准
作业程序	35 分	1. 能正确选用相关电器元件。每错一处扣 5 分
		2. 会用万用表对元器件进行检测。每错一处扣 5 分
		3. 能按照图纸正确安装降压启动控制电路，每错一处扣 5 分
质量	35 分	1. 能按照正确方法检测主电路和控制电路，每错一处扣 5 分
		2. 工具使用方法正确，线路规范美观，酌情计分
安全及其他	30 分	1. 未按规定穿戴工作制服和劳保用品。每少一件扣 5 分
		2. 使用万用表不正确。每错一处扣 5 分
		3. 损坏电器元件或万用表扣 41 分
		4. 每个环节超时 1 min 扣 5 分，超时 5 min 停止考核
合计	100 分	

任务四　Y-△ 降压启动控制电路的故障检修

知识学习

学习目标：

1. 掌握 Y-△ 降压启动控制电路常见故障的分析方法。
2. 掌握 Y-△ 降压启动控制电路常见故障的处理方法。

知识要点：

1. 当发现电动机声音异常时，应迅速切断电源。
2. 借助万用表，初步判断出现故障的区域及设备。

一、故障分析

Y-△ 降压启动的常见故障主要有：

（1）Y 形连接时，启动过程正常，但随后电动机发出异常声音，转速也急剧下降。

分析现象：接触器切换动作正常，表明控制电路接线无误，问题出现在接上电动机之后。从故障现象分析，很可能是电动机主电路接线有误，即电动机由 Y 接转到△接时，电源相序改变了，这样电动机由正常启动突然变成了反向电源制动，强大的反向制动电流造成了电动机转速急剧下降和声音异常。

处理故障：核查主电路接触器及电动机接线端子的接线顺序。

（2）电路空载试验工作正常，接上电动机试车时，一启动电动机，电动机就发出异常声音，转子左右颤动，立即按 SB2 停止，停止时 $KM_{\triangle}$ 和 KM_{Y} 的灭弧罩内有强烈的电弧现象。

分析现象：空载试验时接触器切换动作正常，表明控制电路接线无误，问题出现在接上电动机之后。从故障现象分析是由于电动机缺相所引起的。电动机在 Y 接法启动时有一相绕组未接入电路，造成电动机单相启动，由于缺相，绕组不能形成旋转磁场，使电动机转轴的转向不定而且左右颤动。

处理故障：检查接触器触头闭合是否良好，接触器及电动机端子的接线是否紧固。

（3）空载试验时，一按启动按钮 SB1，$KM_{\triangle}$和 KM_Y 就反复切换不能吸合。

分析故障：一启动 $KM_{\triangle}$ 和 KM_Y 就反复切换动作，说明时间继电器没有起到延时动作，一按 SB1 启动按钮，时间继电器线圈得电吸合，KT 延时触头也瞬时动作，造成了 $KM_{\triangle}$和 KM_Y 相互切换，不能正常启动，即造成故障的原因是时间继电器的触头错误动作。

处理故障：检查时间继电器的接线，会发现时间继电器的触头使用错误，本应接延时触头但接到了瞬动触头上，所以一通电触头就会动作。改接到时间继电器的延时触头上即可排除故障。

二、检修训练

（1）在主电路设置电气故障 1 处，在控制电路中人为设置电气故障 2 处。在学生检修过程中，教师可进行启发性指导。

（2）学生检修。在检修的过程中，可以互设故障，教师可进行启发性的示范指导。

（3）整理现场，做好维修记录。

技能训练

工作任务： Y-△ 降压启动控制电路的故障排查。

任务目标： 1. 根据故障现象，分析故障类型。

2. 排除故障，恢复正常电路。

3. 培养遵守实习场地规章制度的意识。

任务实施：

1. 准备工作

（1）人员组织：1 人。

（2）资料组织：记录本 1 本，记录笔 1 支。

2. 实际操作

（1）人员组织：1 人。

（2）考核时间：60 min。

（3）测评标准：

项目及配分		考核内容及评分标准
作业程序	35 分	1. 辨识故障现象，分析故障类型。每错一处扣 5 分
		2. 能用万用表对电路进行检测，判断故障原因，每错判一处扣 5 分
质量	35 分	1. 能排除故障，将线路正确安装，每错接一处扣 5 分
		2. 能按照正确方法检测改正后的电路，每错一处扣 5 分
安全及其他	30 分	1. 未按规定穿戴工作制服和劳保用品。每少一件扣 5 分
		2. 使用万用表不正确。每错一处扣 5 分
		3. 损坏时间继电器或万用表扣 41 分
		4. 每个环节超时 1 min 扣 5 分，超时 5 min 停止考核
合计	100 分	

知识拓展：其他降压启动控制电路的认知

一、延边三角形降压启动

延边三角形降压启动的方法是在每相定子绕组中引出一个抽头，电动机启动时将一部分定子绕组接成△形，另一部分定子绕组接成Y形，整个绕组接成延边三角形，连接示意图如图7-7所示。经过一段时间，电动机启动结束后，再将定子绕组接成三角形全压运行。

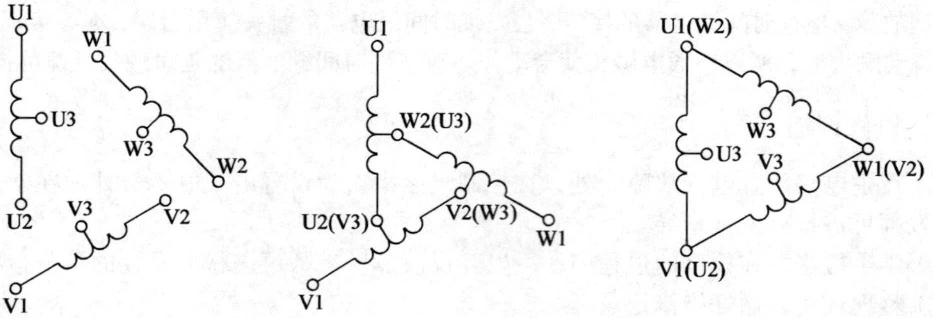

（a）原始状态 （b）降压启动时 （c）全压运行时

图7-7 延边三角形电动机定子绕组连接示意图

电动机定子绕组按延边三角形联结时，每相定子绕组所承受的电压大于Y形联结时的相电压而小于△形联结时的相电压，启动转矩大于Y-△降压启动时的转矩。延边三角形降压启动方法仅适用于定子绕组有抽头的特殊三相交流异步电动机。延边三角形降压启动控制电路如图7-8所示。

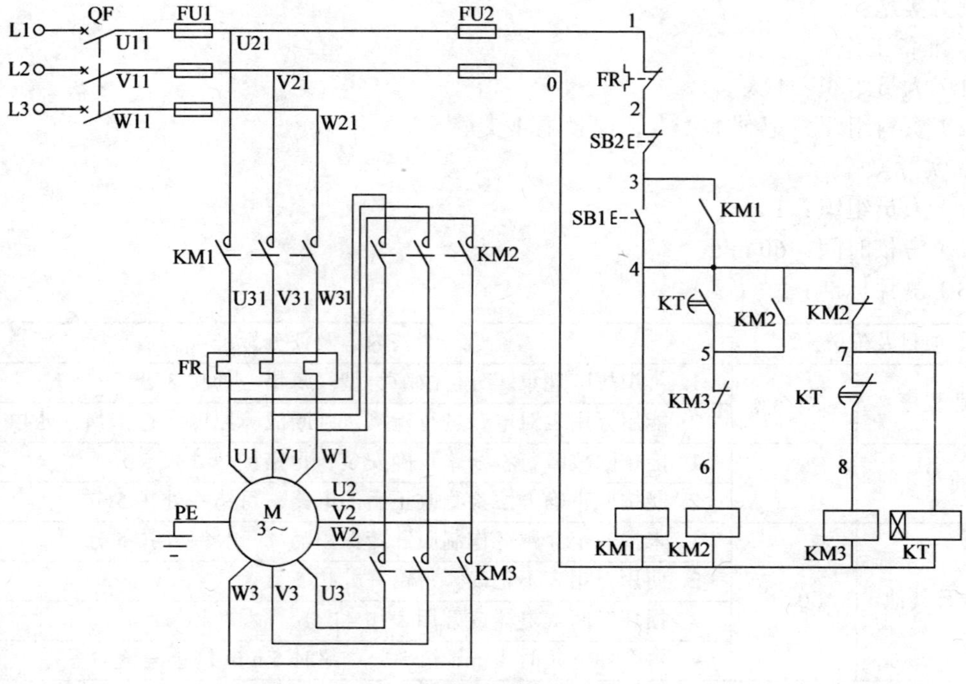

图7-8 延边三角形降压启动控制电路

其电路工作原理为：

（1）合上断路器 QF：

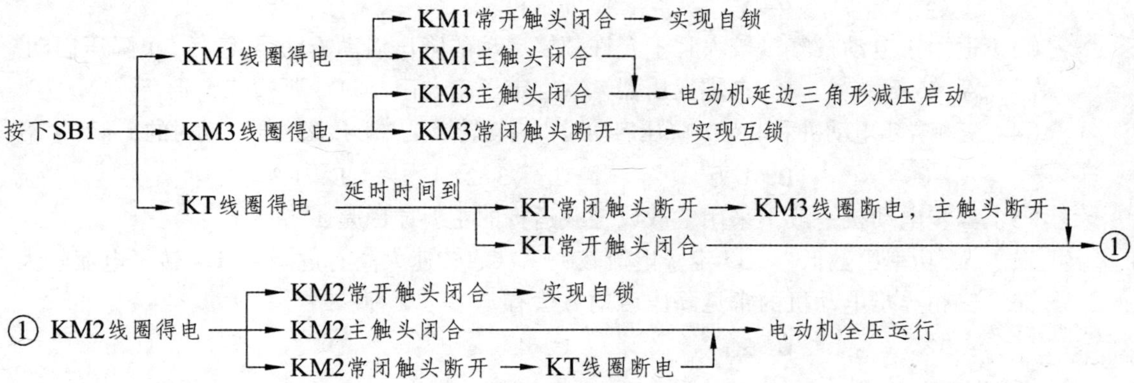

（2）停车：按下停止按钮 SB2，控制电路断电，电动机 M 停转。

二、三相异步电动机降压启动比较

启动方法	适用范围	特点
直接启动	电动机容量小于 10 kW	不需要启动设备，但启动电流大
定子串电阻	电动机容量大于 10 kW 且启动次数不太多的场合	线路简单、价格低、电阻消耗功率大，启动转矩小
Y-△启动	额定电压为 380 V，正常工作时为△形接法的电动机，轻载或空载启动	启动电流和启动转矩为正常工作时的 1/3
串自耦变压器	电动机容量较大，要求限制对电网的冲击电流	启动转矩大，设备投入较高
延边三角形	仅适用于定子绕组有中间抽头的特殊电动机	启动转矩大于 Y-△ 启动电路

课后练习

一、技能练习题

识读图 7-6 所示的 Y-△ 降压启动控制电路。

1. 分析图 7-6 所示控制电路的工作原理。

2. 检修安装好的 Y-△降压启动控制电路。要求：主电路设置故障 1 处，控制电路设置故障 2 处，所设置的故障要符合自然规律。学生可互设故障进行检修训练。

二、知识练习题

1. 选择题

（1）三相鼠笼式异步电动机直接启动电流较大，一般可以达到额定电流的（　　）倍。

A. 2 ~ 3　　B. 3 ~ 4　　C. 4 ~ 7　　D. 10

（2）当异步电动机采用 Y-△降压启动时，每相定子绕组承受的电压是△形接法全压启动时的（　　）倍。

A. 2　　B. 3　　C. $1/\sqrt{3}$　　D. 1/3

（3）适用于电动机容量较大且不允许频繁启动的降压启动方法是（　　）降压启动。

A. Y-△　　B. 自耦变压器　　C. 定子串电阻　　D. 延边三角形

（4）三相异步电动机采用 Y-△降压启动时，启动转矩是△形接法全压启动时的（　　）倍。

A. $\sqrt{3}$　　B. 1/万　　C. $\sqrt{3}/2$　　D. 1/3

（5）异步电动机一般不采用空载或轻载运行的主要原因是（　　）。

A. 功率因数低　　B. 定子电流较大　　C. 转速太高有危险　　D. 转子电流较大

（6）三相异步电动机的常见降压启动方法有（　　）种。

A. 2　　B. 3　　C. 4　　D. 5

2. 判断题

（1）电网容量在 180 kV·A 以上、电动机功率在 7.5 kW 以下时三相异步电动机可以直接启动。（　　）

（2）直接启动的优点是电气设备少、维修量小和电路不复杂。（　　）

（3）采用串电阻降压启动的主要缺点是：启动电流在启动电阻上的能量损耗过大。（　　）

（4）三相异步电动机采用自耦变压器以 80% 的抽头降压启动时，电动机的启动转矩是全压启动的 80%。（　　）

（5）要想使三相异步电动机能采用 Y-△降压启动，电动机在正常运行时定子绕组必须是△形联结。（　　）

（6）三相异步电动机采用延边三角形降压启动时，每相绕组承受的电压比全压启动时小，比 Y-△ 降压启动时大。（　　）

工作任务群八

三相异步电动机制动控制电路的安装

三相异步电动机的制动，就是使转子转速由某个速度降到零的过程。在实际工作中，往往要求电动机能够迅速停车，即缩短制动时间，提高工作效率。本工作任务群主要介绍三相异步电动机迅速制动的两种常用方法：能耗制动和反接制动。要求掌握这两种制动方法的工作原理，完成相应控制电路的安装、检查、调试。

任务一　三相异步电动机制动控制电路的认知

知识学习

学习目标：

1. 掌握三相异步电动机制动控制电路的结构。
2. 掌握三相异步电动机的制动方法及其原理。

知识要点：

电动机常用的制动方法有机械制动和电气制动两大类。

1. 机械制动装置有电磁抱闸和电磁离合器两种。电磁抱闸主要包括两部分：制动电磁铁和闸瓦制动器，分为断电制动型和通电制动型两种。

2. 常用的电气制动方法有反接制动和能耗制动两种。

一、机械制动

切断电源以后，利用机械装置使电动机迅速停转的方法称为机械制动。应用较普遍的机械制动装置有电磁抱闸和电磁离合器两种，它们的制动原理基本相同。电磁抱闸的外形及结构如图 8-1 所示。

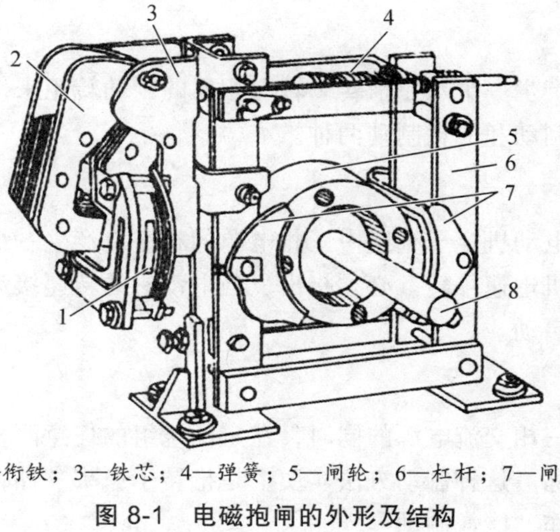

1—线圈；2—衔铁；3—铁芯；4—弹簧；5—闸轮；6—杠杆；7—闸瓦；8—轴。

图 8-1　电磁抱闸的外形及结构

电磁抱闸主要包括两部分：制动电磁铁和闸瓦制动器，分为断电制动型和通电制动型两种。因此，机械制动控制电路也有断电制动和通电制动两种。电磁抱闸断电制动控制电路如图 8-2 所示。按下按钮 SB2，接触器 KM 线圈得电，其主触头闭合使电磁抱闸的电磁铁线圈 YB 得电，衔铁吸合，制动器闸瓦松开，电动机启动运转；停车时，按下 SB1，接触器 KM 线圈断电，其主触头断开，使电动机和电磁铁线圈 YB 同时断电，在弹簧力的作用下，闸瓦将安装在电动机转轴上的闸轮紧紧抱住，电动机迅速停转。在电梯、起重机、卷扬机等升降设备上，通常采用断电制动，其优点是能够准确定位，同时可防止电动机突然断电或电路出现故障时重物自行坠落。在机床等生产机械中通常采用通电制动，以便在电动机未通电时，可以用手扳动主轴以调整和对刀。

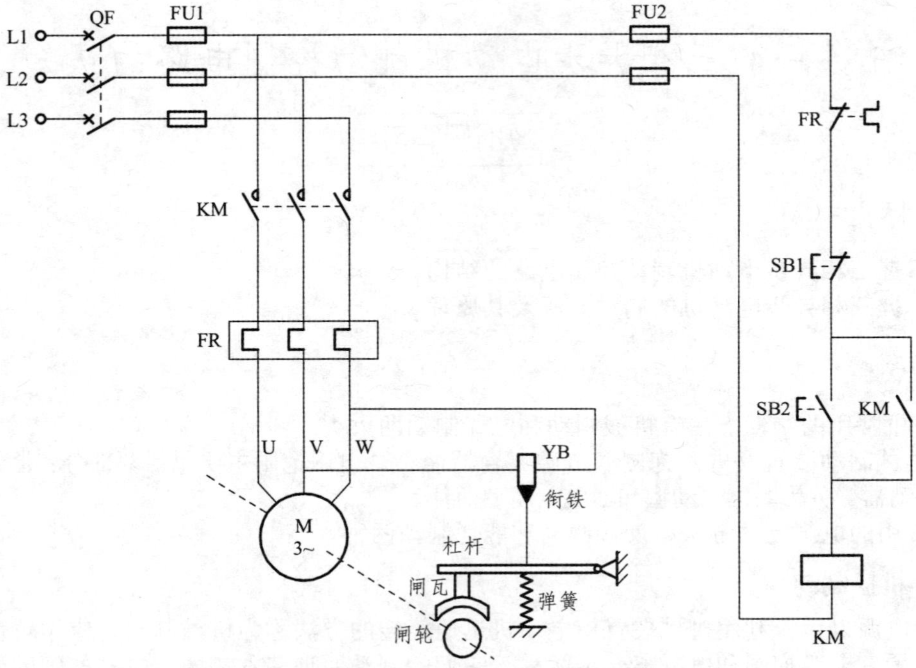

图 8-2 电磁抱闸断电制动控制电路

二、电气制动

电气制动是电动机产生一个与原来转子转向相反的制动转矩来使电动机迅速停车。常用的电气制动方法有反接制动和能耗制动两种。

1. 反接制动

反接制动是靠改变电动机定子绕组中三相电源的相序，产生一个与转子转动方向相反的电磁转矩，从而使电动机迅速停转。必须指出，当电动机的转速接近于零时，应立即切断电源，否则电动机将反向启动。

2. 能耗制动

能耗制动是在切除三相交流电源的同时，在定子绕组的任意两相接通直流电源，待转子转速接近零时再将其切除。这种制动方法实质上是把转子原来“储存”的机械能转变成电能消耗在转子上，因而叫作“能耗制动”。

技能训练

工作任务：电磁抱闸制动控制电路的绘制。

任务目标：1. 能正确画出电磁抱闸制动电路的主电路和控制电路。

2. 能说出电磁抱闸制动控制电路的工作原理。

3. 培养在实习、实训场地遵章守纪的意识。

任务实施：

1. 准备工作

（1）人员组织：1人。

（2）资料组织：记录本1本，记录笔1支。

2. 实际操作

（1）人员组织：1人。

（2）考核时间：10 min。

（3）测评标准：

项目及配分		考核内容及评分标准
作业程序	35分	1. 正确绘制主电路。每错一处扣5分
		2. 正确绘制控制电路。每错一处扣5分
		3. 正确标出各条线路的编号。每错一处扣5分
质量	35分	1. 正确画出各种电器元件的电气符号。每错一处扣5分
		2. 能说明电磁抱闸制动控制电路的工作原理。每错一处扣5分
		3. 图纸规范、整洁、美观。酌情计分
安全及其他	30分	1. 每个环节超时1 min扣5分，超时5 min停止考核
		2. 抄袭他人图纸，扣41分
合计	100分	

任务二　能耗制动控制电路的安装

知识学习

学习目标：

1. 掌握能耗制动控制电路的结构。
2. 掌握能耗制动控制电路的工作原理。
3. 了解能耗制动所用直流电源的估算方法。

知识要点：

1. 能耗制动：三相异步电动机切断三相电源后，将三相中的任意两相迅速接入直流电源，使能量消耗在所串电阻上，达到快速制动的目的。

2. 进行电路安装时，注意物品的摆放、工具的正确使用。在自检完毕后，必须通过指导教师的检查，经允许后方可通电测试。

一、电路分析

1. 能耗制动的工作原理

能耗制动的制动原理如图 8-3 所示。当定子绕组通入直流电时，在电动机中将产生一个恒定磁场。转子因机械惯性继续旋转时，转子导体切割这个恒定磁场，并在转子绕组中产生感应电动势和感应电流，用“右手定则”可以判别感应电流的方向，如图 8-3 所示（“⊗”“⊙”表示感应电流方向）。通电导体在恒定磁场中会受到力的作用，产生电磁转矩（作用力的方向用“左手定则”判定）。由图可见，电磁转矩的方向与转子转动的方向相反，为制动转矩。在制动转矩的作用下，转子转速迅速下降。

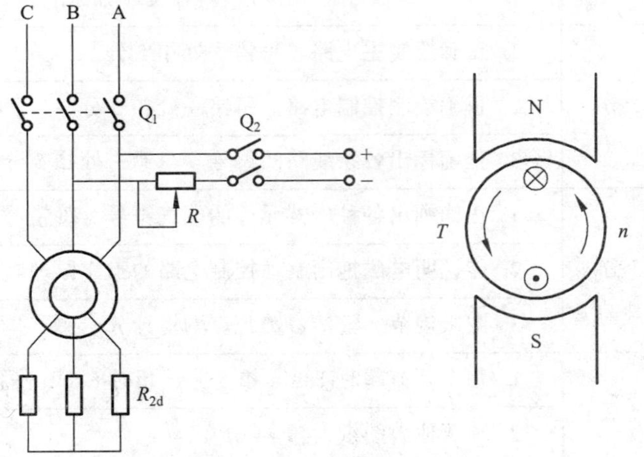

图 8-3 能耗制动的工作原理

2. 能耗制动控制电路分析

对于 10 kW 以下的小功率电动机，可以采用无变压器单相半波整流电路来得到制动直流电源，而对于 10 kW 以上的电动机，多采用有变压器的单相桥式整流电路来得到制动直流电源，如图 8-4 所示。

图 8-4 所示的采用单相桥式整流电路的能耗制动控制电路的工作原理如下：

合上断路器 QF 后，按下 SB1，KM1 线圈得电，电动机启动运转；当需要停车时，按下 SB2，接触器 KM1 断电，接触器 KM2 和时间继电器 KT 得电自锁，在电动机定子绕组中通入经桥式整流后得到的直流电，形成一个恒定磁场。电动机转子在惯性作用下继续转动时切割该恒定磁场，从而在转子绕组中产生感应电流，使转子受到一个与惯性转动方向相反的力，使转速下降。待时间继电器的整定时间到，其延时断开常闭触头断开，KM2 和 KT 线圈断电，制动结束。

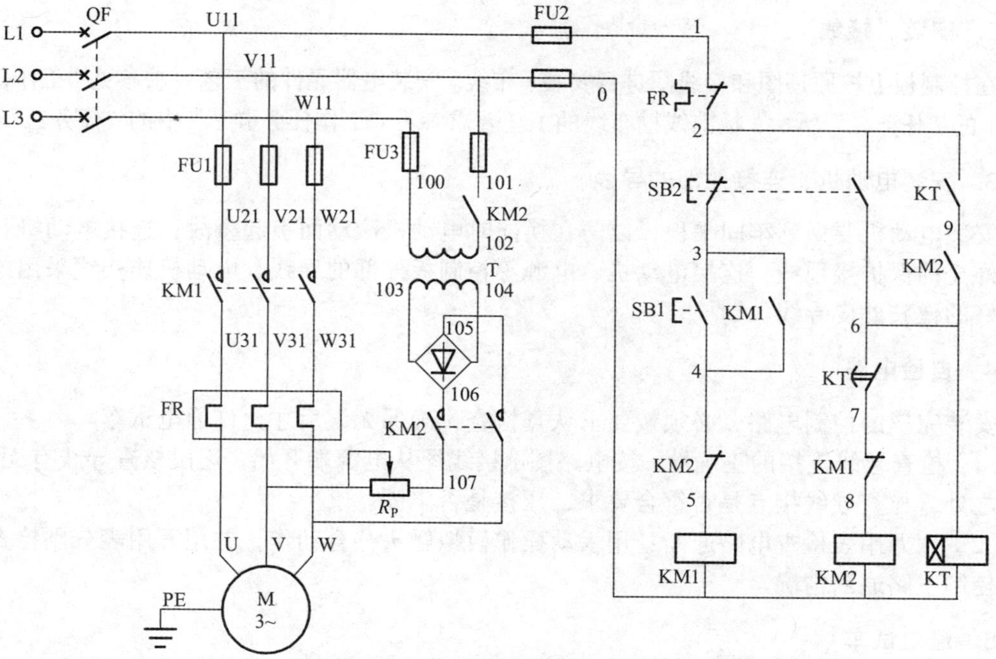

图 8-4　采用单相桥式整流电路的能耗制动控制电路

图中 KT 瞬时闭合常开触头的作用是：当发生 KT 线圈断线或机械卡住等故障时，按下 SB2 后能迅速制动，从而避免三相定子绕组中长期接入进行能耗制动的直流电源。

3. 直流电源的估算

估算步骤如下：

（1）首先测量电动机三相电源进线中任意两根之间的电阻 R（Ω）。

（2）测量出电动机的进线空载电流 I_0（A）。

（3）能耗制动所需的直流电流 $I_L = KI_0$（A），所需直流电压 $U_L = I_L R$（V）。其中 K 是系数，一般取 3.5 ~ 4。

（4）单相桥式整流电源变压器二次电压和电流有效值为

$$U_2 = U_L/0.9\ \text{V}, \quad I_2 = I_L/0.9\ (\text{A})$$

变压器容量为　$S = U_2 I_2$（V·A）

如果制动不频繁，可取变压器实际容量为

$$S' = (1/3 \sim 1/4)S\ (\text{V·A})$$

（5）可调电阻 R_P 约为 2 Ω，电阻功率 $P_{R_P} = I^2 R_{R_P}$，实际选用时这个电阻的功率也可以小一些。

二、器材准备

请参照前面的任务，自己写出能耗制动控制电路所用的元器件明细表。

三、安装步骤

1. 绘制布置图、接线图

在控制板上按布置图安装电器元件，并贴上醒目的文字符号。

2. 安装、接线

在控制板上按原理图和接线图进行安装、布线。安装电器元件的工艺要求参见“工作任务群二”中的“任务二”所示，板前线槽布线的工艺要求参见“工作任务群三”中的“任务三”所示。

3. 安装电动机、连接外部的导线

安装电动机要做到牢固平稳，以防在换向时电动机滚动而引起事故；连接电动机和按钮金属外壳的保护接地线；连接电动机、电源等控制板外部的导线。电动机连接线采用绝缘性能良好的橡胶外皮导线。

4. 自检电路

安装完毕的控制电路，必须按要求认真检查，确保无误后才允许通电试车。

（1）检查导线连接的正确性：按电路图、接线图从电源端开始，逐段核查导线有无漏接、错接之处，检查导线接点是否符合要求，压接是否牢固。

（2）用万用表检查电路通断：用手动操作模拟触头分合动作，并用万用表分别检查主电路和控制电路通断情况。

5. 通电试车

电路检查完全合格后，清点工具材料，清除安装板上的线头杂物，检查三相电源，将热继电器按照电动机的额定电流整定好，在一人操作、一人监护的情况下通电试车，具体步骤为：

（1）接好电源。

（2）提醒同组人员注意安全。

（3）通电试车，如出现故障按下急停按钮，重新检测，排除故障。

（4）通电试车后，断开电源，拆除导线，整理工具材料和操作台。

特别提示

1. 时间继电器的整定时间不要过长，以免制动时间过长引起定子绕组发热。
2. 整流二极管要配装散热器和固定散热器支架。
3. 制动电阻要安装在控制板外面。
4. 进行制动时，停止按钮 SB1 要按到底。
5. 通电试车时，一定要有教师在现场监护，同时要做到安全文明生产。

技能训练

工作任务：能耗制动控制电路的安装。

任务目标：1. 掌握能耗制动控制电路的原理图识读方法。

2. 会正确选择变压器、二极管等所用元器件。
3. 能正确安装三相异步电动机能耗制动控制电路。
4. 能用万用表对电路进行通电前的检查。
5. 培养遵守实习场地规章制度的意识。

任务实施：

1. 准备工作

（1）人员组织：1人。

（2）资料组织：记录本1本，记录笔1支。

2. 实际操作

（1）人员组织：1人。

（2）考核时间：120 min。

（3）测评标准：

项目及配分		考核内容及评分标准
作业程序	35分	1. 能正确选用电器元件。每错一处扣5分
		2. 能用万用表对电器元件进行检测。每错一处扣5分
		3. 能正确安装三相异步电动机能耗制动控制电路，每错一处扣5分
质量	35分	1. 画出时间继电器的线圈、接点的电气符号。每错一处扣5分
		2. 能按照正确方法检测主电路和控制电路，每错一处扣5分
安全及其他	30分	1. 未按规定穿戴工作制服和劳保用品。每少一件扣5分
		2. 使用万用表不正确。每错一处扣5分
		3. 损坏时间继电器或万用表扣41分
		4. 每个环节超时1 min扣5分，超时5 min停止考核
合计	100分	

任务三　反接制动控制电路的安装

学习目标：

1. 掌握反接制动控制电路的结构。
2. 掌握反接制动控制电路的工作原理。

知识要点：

反接制动：将速度继电器的常开触头串入三相异步电动机的反转回路中，正传运行的三相异步电动机转速达到一定值时，其常开触头闭合，为反转控制做好准备；当按下反转控制按钮时，三相异步电动机转速急剧下降，当转速降到一定值时，常开触头断开，切断三相异步电动机的反转回路，达到迅速停车的目的。

一、速度继电器的认知与检测

速度继电器是一种以转速为输入量的非电信号检测电路，它能在被测转速升至或降至某一设定值时输出开关信号。它是靠电磁感应原理实现触头动作的，主要用于鼠笼式异步电动机的反接制动控制，因而又称为反接制动继电器。

1. 速度继电器的外形、结构、电气符号

速度继电器的外形如图 8-5 所示。

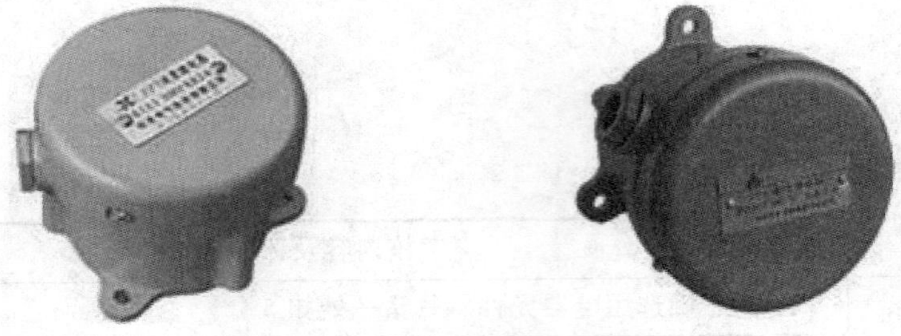

图 8-5 速度继电器的外形

速度继电器的结构、原理、电气符号如图 8-6 所示。它主要由转子、定子和触头等部分组成。其中转子是一个圆柱形永久磁铁，定子是一个笼形空心圆环，由硅钢折叠而成，并装有笼形绕组。速度继电器转子的轴与电动机的轴通过联轴器相连，当电动机转动时，速度继电器转子随之转动产生一个旋转磁场，定子中的笼形绕组切割该磁场磁力线而产生感应电流。在旋转磁场的作用下，通有感应电流的笼形绕组受到力的作用产生电磁转矩，驱动定子跟随转子一起转动，与定子相连的胶木摆杆也随之偏转。胶木摆杆偏转到一定角度，推动簧片（动触头）运动，速度继电器的常闭触头断开、常开触头闭合。当电动机转速低于某一数值时，定子产生的转矩减小，簧片复位。一般速度继电器都具有两对转换触头，一对在定子正转时动作，另一对在转子反转时动作。通常速度继电器的动作转速为 120 r/min，复位转速在 100 r/min 以下。

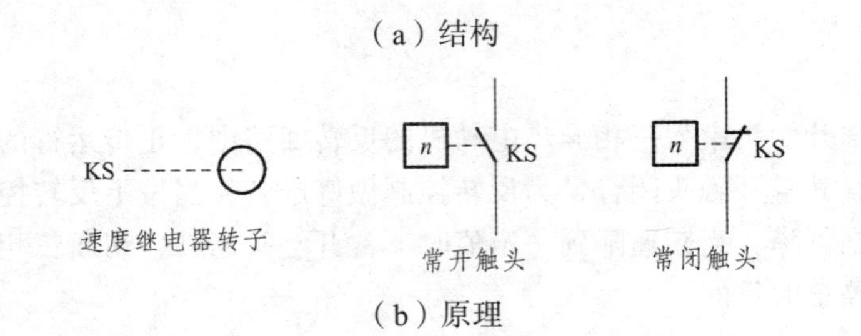

（a）结构

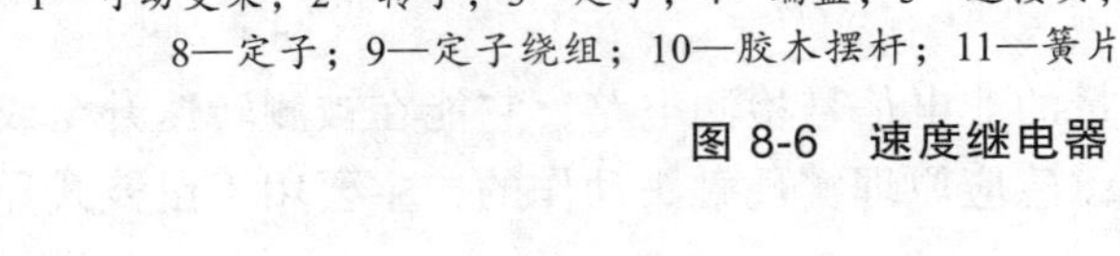

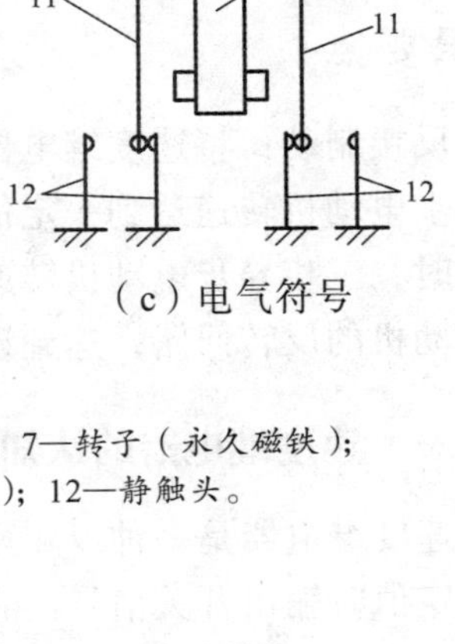

（b）原理　　（c）电气符号

1—可动支架；2—转子；3—定子；4—端盖；5—连接头；6—转轴；7—转子（永久磁铁）；8—定子；9—定子绕组；10—胶木摆杆；11—簧片（动触头）；12—静触头。

图 8-6 速度继电器

常用的速度继电器有 JY1 型和 JFZ0 系列。其中 JY1 型速度继电器的工作范围为 700 ~ 3 600 r/min，JFZ0-1 型速度继电器的工作范围为 300 ~ 1 000 r/min，JF20-2 型速度继电器的工作范围为 1 000 ~ 3 000 r/min。图 8-7 所示为 JY1 型速度继电器铭牌。

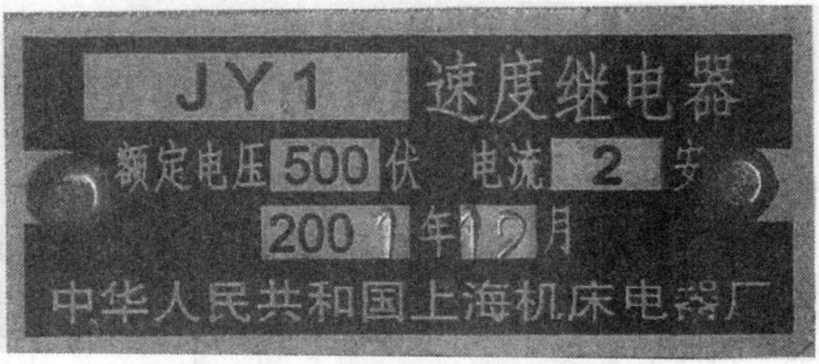

图 8-7　JY1 型速度继电器的铭牌

2. 速度继电器的接线

仔细观察速度继电器的触头结构，分清常开触头和常闭触头。速度继电器触头系统如图 8-8 所示。接线时，正反向的触头不能接错，否则不能起到反接制动时接通和断开反向电源的作用。

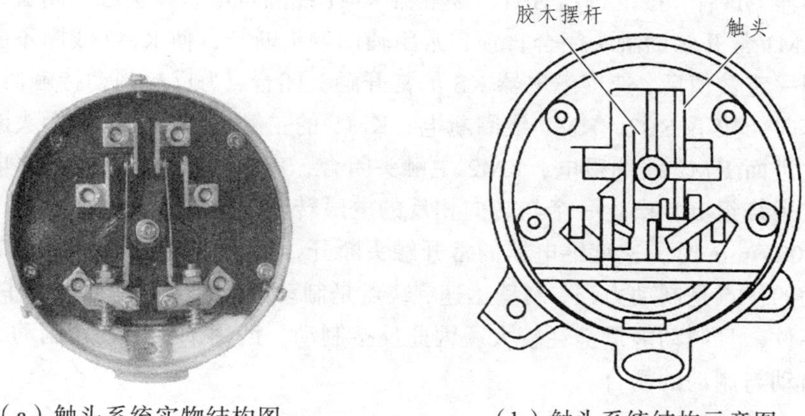

（a）触头系统实物结构图　　（b）触头系统结构示意图

图 8-8　触头系统

3. 速度继电器的安装及选择

（1）安装时，采用速度继电器转轴的连接头与电动机转轴直接连接的方法，并使两轴中心线重合。

（2）速度继电器的金属外壳应可靠接地。

（3）速度继电器主要根据电动机的额定转速来选择。

二、反接制动控制电路

单向运行的反接制动控制电路如图 8-9 所示。

由于反接制动时的制动电流一般约为额定电流的 10 倍，比直接启动时的启动电流还要大，必须对其加以限制，因此在主电路中需要串入限流电阻 R。控制电路的工作原理如下：

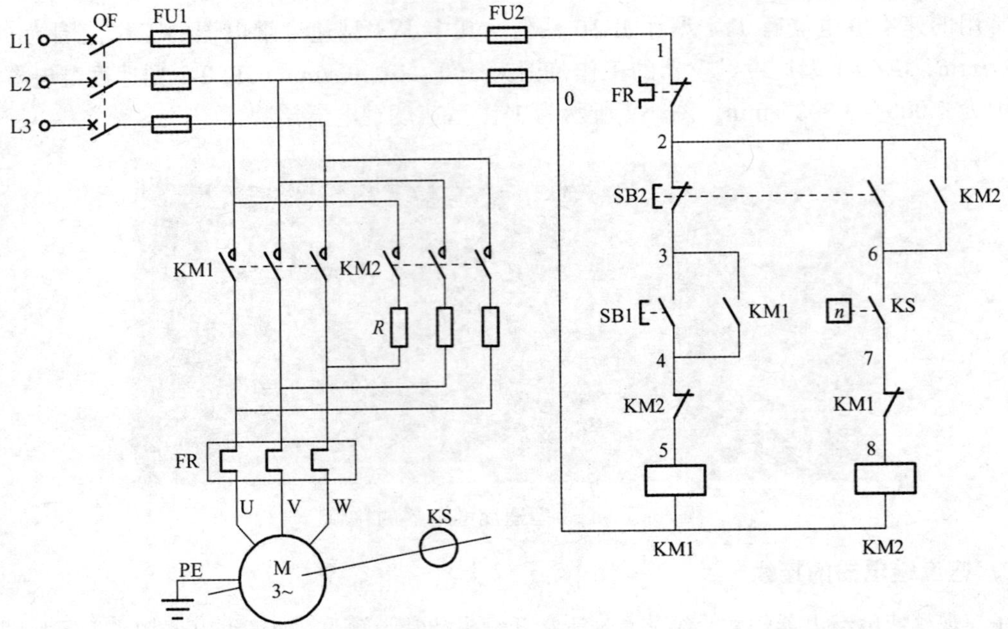

图 8-9　单向运行的反接制动控制电路

合上断路器 QF 后，按下按钮 SB1，接触器 KM1 线圈得电，其主触头闭合，电动机得电运转，同时 KM1 常开辅助触头闭合自锁，常闭辅助触头断开，使 KM2 线圈不能得电。电动机转速升高到一定数值后，速度继电器 KS 的常开触头闭合，为反接制动接触器 KM2 接通做好准备；停车时，按下 SB2，KM1 线圈断电，KM1 的主触头和常开辅助触头断开，常闭辅助触头闭合，进而 KM2 线圈得电，KM2 主触头闭合，串入限流电阻 R，并将电源换相后接到电动机的定子绕组上，产生一个与转向相反的电磁转矩，使电动机转速迅速下降；当转速下降到接近 100 r/min 时，速度继电器的常开触头断开，接触器 KM2 线圈断电，制动结束。

反接制动的优点是制动力强、制动迅速，缺点是制动准确性差，制动过程中冲击力强烈、易损坏传动零件，且制动能量消耗较大。因此反接制动一般用于要求迅速制动、系统惯性较大、不经常启动与制动的场合。

技能训练

工作任务：反接制动控制电路的安装。

任务目标：1. 掌握反接制动控制电路原理图的识读方法。

2. 会正确选择速度继电器的触头。
3. 能正确安装三相异步电动机反接制动控制电路。
4. 能用万用表对电路进行通电前的检查。
5. 培养遵守实习场地规章制度的意识。

任务实施：

1. 准备工作

（1）人员组织：1 人。

（2）资料组织：记录本 1 本，记录笔 1 支。

2. 实际操作

（1）人员组织：1 人。

（2）考核时间：120 min。

（3）测评标准：

项目及配分		考核内容及评分标准
作业程序	35 分	1. 能正确选用电器元件。每错一处扣 5 分
		2. 能用万用表对电器元件进行检测。每错一处扣 5 分
		3. 能正确安装三相异步电动机反接制动控制电路，每错一处扣 5 分
质量	35 分	1. 指出速度继电器的常开、常闭触头。每错一处扣 5 分
		2. 能按照正确方法检测主电路和控制电路，每错一处扣 5 分
安全及其他	30 分	1. 未按规定穿戴工作制服和劳保用品。每少一件扣 5 分
		2. 使用万用表不正确。每错一处扣 5 分
		3. 损坏速度继电器或万用表扣 41 分
		4. 每个环节超时 1 min 扣 5 分，超时 5 min 停止考核
合计	100 分	

课后练习

一、技能练习题

安装和调试图 8-10 所示的三相异步电动机双重联锁正反转启动能耗制动控制电路。

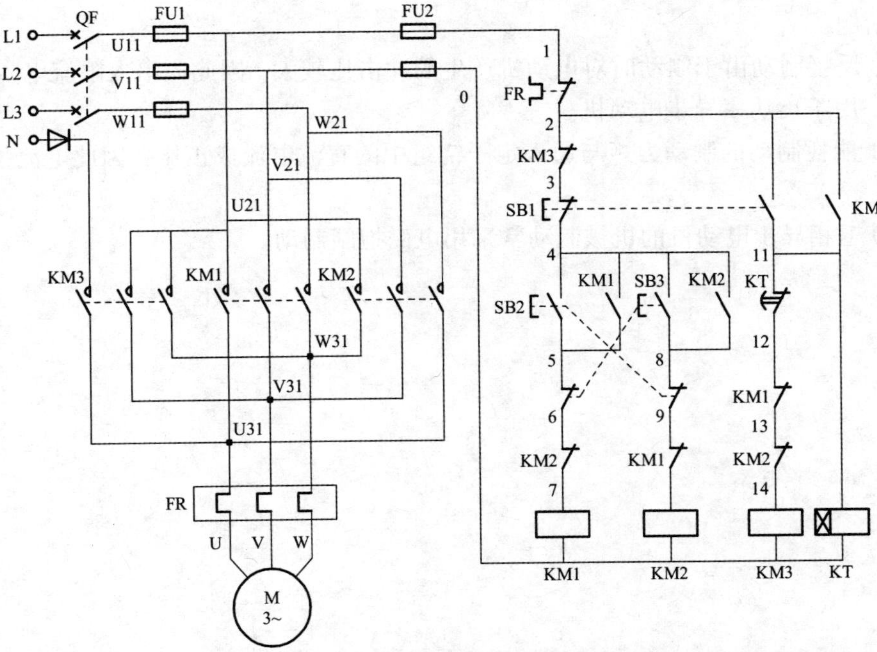

图 8-10　三相异步电动机双重联锁正反转启动能耗制动控制电路

1. 分析电路原理。
2. 选择合适的元器件并检测。
3. 安装调试控制电路。

二、知识练习题

1. 选择题

（1）反接制动时，定子绕组旋转磁场与转子相对的运动速度很大，致使定子绕组中的电流一般为额定电流的（　　）倍左右。

A. 5　　B. 7　　C. 10　　D. 15

（2）反接制动时，旋转磁场反向转动，与电动机的转动方向（　　）。

A. 相反　　B. 相同　　C. 不变　　D. 垂直

（3）三相异步电动机反接制动时，采用对称制电阻接法，可以在限制制动转矩的同时，也限制了（　　）。

A. 制动电流　　B. 启动电流　　C. 制动电压　　D. 启动电压

（4）起重机电磁抱闸制动原理属于（　　）制动。

A. 电气　　B. 机械　　C. 能耗　　D. 反接

（5）三相异步电动机的能耗制动是向三相异步电动机定子绕组中通入（　　）电。

A. 单相交流　　B. 三相交流　　C. 直流　　D. 反相序三相交流

（6）三相异步电动机采用能耗制动，切断电源后，应将电动机（　　）。

A. 转子回路串电阻　　B. 定子绕组两相绕组反接

C. 转子绕组进行反接　　D. 定子绕组送入直流电

（7）对于要求制动准确、平稳的场合，应采用（　　）制动。

A. 反接　　B. 能耗　　C. 电容　　D. 再生发电

2. 判断题

（1）反接制动由于制动时对电动机产生的冲击比较大，因此应串入限流电阻，而且仅用于小功率异步电动机。（　　）

（2）能耗制动的制动力矩与通入定子绕组中的直流电流成正比，因此电流越大越好。（　　）

（3）三相异步电动机的机械制动常采用电磁抱闸制动。（　　）

附录 1　低压电器产品全型号组成形式

1 2 3 4 5/6 7

- 7 → 特殊环境条件派生代号（字母表示见附表 1）
- 6 → 辅助规格代号（用数字表示，位数不限）
- 5 → 通用派生代号（用字母表示，见附表 2）
- 4 → 基本规格代号（用数字表示，位数不限）
- 3 → 特殊派生代号（用字母表示，说明全系列在特殊情况下变化的特征）
- 2 → 设计代号（用数字表示，位数不限，其中两位及两位以上的首位数字为“9”者表示船用；“8”表示防爆用；“7”表示纺织用；“6”表示农业用；“5”表示化工用）
- 1 → 类组代号（用字母表示，最多用 3 个，见附表 3）

附表 1　特殊环境条件派生代号表

派生字母	说明	备注
T	按热带临时措施制造	此项派生代号加注在产品全型号后
TH	湿热带	
TA	干热带	
G	高原	
H	船用	
Y	化工防腐用	

附表 2　通用派生代号表

派生字母	代表意义
A、B、C、D、…	结构设计稍有改进或变化
C	插入式、抽屉式
D	达标、验收过关
E	电子式
J	交流、防溅式
Z	直流、自动复位、防震、重任务
W	无灭弧装置
N	可逆
S	有锁住机构、手动复位、防水式、三相、三个电源、双线圈
P	电磁复位、防滴式、单相、两个电源、电压
K	开启式
H	保护式、带缓冲装置
M	密封式、灭磁、母线式
Q	防尘式、手车式、柜式
L	电流的、漏电保护、单独安装式
F	高返回、带分励脱扣、纵缝灭弧结构式、防护盖式

附表 3 低压电器产品型号类组代号表

代号	名称	A	B	C	D	G	H	J	K	L	M	P	Q	R	S	T	U	W	X	Y	Z
H	刀开关和转换开关				刀开关		封闭式负荷开关		开启式负荷开关					熔断器式刀开关	刀型转换开关					其他	组合开关
R	熔断器			插入式			汇流排式			螺旋式	密封管式				快速	有填料管式			限流	其他	
D	自动开关									照明	灭磁				快速			柜架式①	限流	其他	塑料外壳式②
K	控制器					鼓形						平面				凸轮				其他	
C	接触器					高压		交流				中频			时间					其他	直流
Q	启动器	按钮式		磁力				减压							手动		油浸		Y-△	其他	综合
J	控制继电器									电流				热	时间	通用		温度		其他	中间
L	主令电器	按钮							主令控制器						主令开关	足踏开关	旋钮	万能转换开关	行程开关	其他	
Z	电阻器		板形元件	冲片元件		管形元件									烧结元件	铸铁元件			电阻器	其他	
B	变阻器			旋臂式						励磁		频敏	启动		石墨	启动调速	油浸启动	液体启动	滑线式	其他	
T	调压器				电压																
M	电磁铁												牵引					起重			制动
A	其他		保护器	插销	灯		接线盒			铃											

注：1. 原称“万能式”。
2. 原称“装置式”。

举例说明如下：

① RT 0-600/400 TH：RT 表示类组代号，表示有填料管式熔断器；0 表示设计序号；600 表示熔断器额定电流为 600 A；400 表示熔体额定电流为 400 A；TH 表示湿热带型。全型号表示湿热带型 600A 有填料管式熔断器，熔体额定电流为 400 A。

② CJ12B-150：CJ 为类组代号，表示交流接触器；12 表示设计代号；B 为特殊派生代号，表示灭弧方式采用栅片；150 表示额定电流为 150A。全型号表示 150A 交流接触器，采用栅片灭弧。

附录 2　常用电器、电机的图形与文字符号

类别	名称	图形符号	文字符号	类别	名称	图形符号	文字符号
开关	单极控制开关	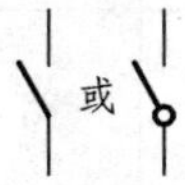	SA	位置开关	常开触头		SQ
	手动开关一般符号	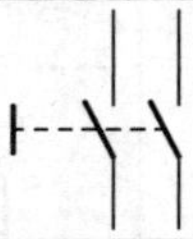	SA		常闭触头		SQ
	三极控制开关	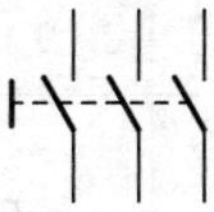	QS		复合触头		SQ
	三极隔离开关	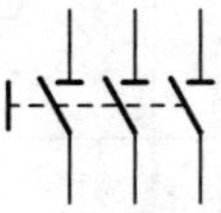	QS	按钮	常开按钮	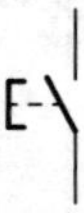	SB
	三极负荷开关	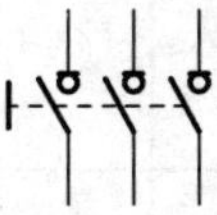	QS		常闭按钮	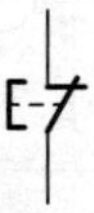	SB
	组合旋钮开关	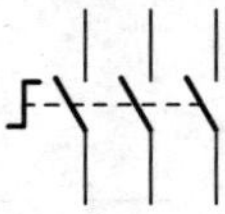	QS		复合按钮	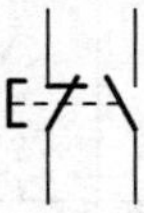	SB
	低压断路器	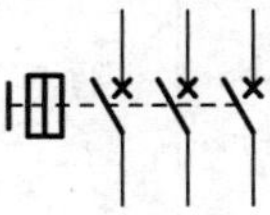	QF		急停按钮	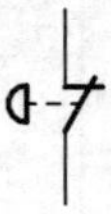	SB
	控制器或操作开关	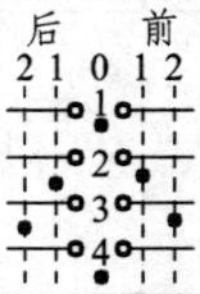	SA		钥匙操作式按钮	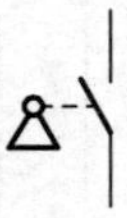	SB
接触器	线圈操作器件	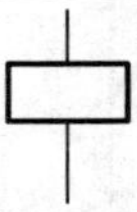	KM	热继电器	热元件	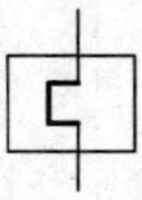	FR
	常开主触头		KM		常闭触头	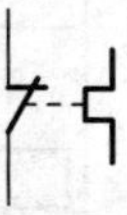	FR
	常开辅助触头		KM	中间继电器	线圈	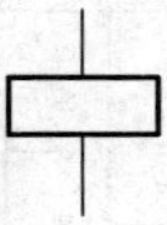	KA

续表

类别	名称	图形符号	文字符号	类别	名称	图形符号	文字符号
接触器	常闭辅助触头	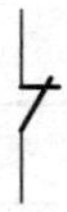	KM	中间继电器	常开触头		KA
时间继电器	通电延时(缓吸)线圈	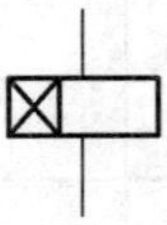	KT		常闭触头		KA
	断电延时(缓放)线圈	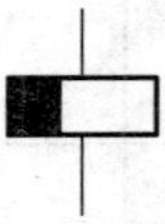	KT	电流继电器	过电流线圈	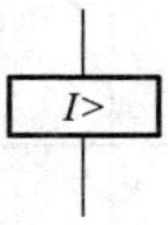	KA
	瞬时闭合的常开触头		KT		欠电流线圈	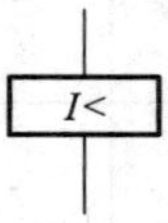	KA
	瞬时断开的常闭触头	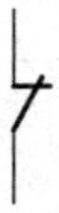	KT		常开触头		KA
	延时闭合的常开触头	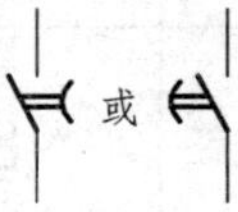	KT		常闭触头		KA
	延时断开的常闭触头	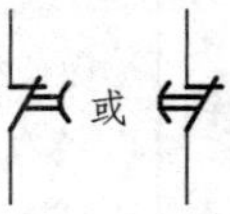	KT	电压继电器	过电压线圈	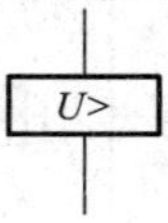	KV
	延时闭合的常闭触头	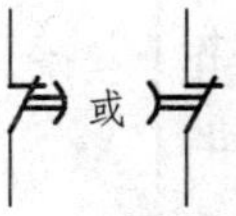	KT		欠电压线圈	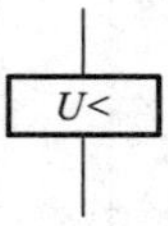	KV
	延时断开的常开触头	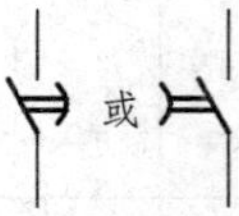	KT		常开触头		KV
电磁操作器	电磁铁的一般符号	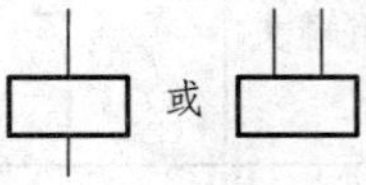	YA		常闭触头		KV
	电磁吸盘	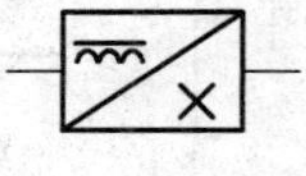	YH	电动机	三相笼形异步电动机	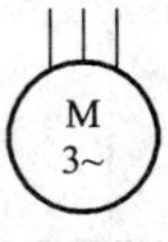	M

续表

类别	名称	图形符号	文字符号	类别	名称	图形符号	文字符号
电磁操作器	电磁离合器	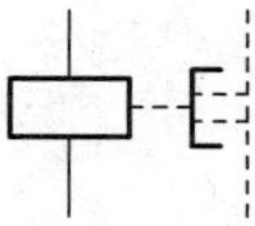	YC	电动机	三相绕线转子异步电动机	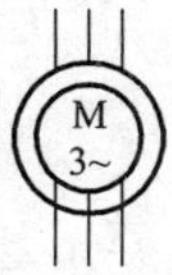	M
	电磁制动器	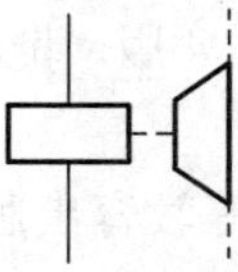	YB		他励直流电动机	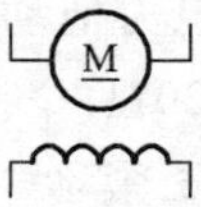	M
	电磁阀	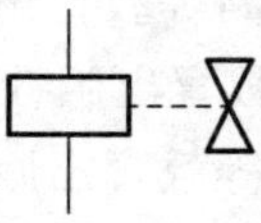	YV		并励直流电动机	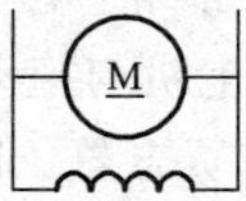	M
非电量控制的继电器	速度继电器常开触头	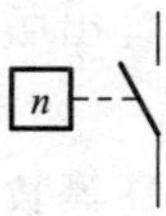	KS		串励直流电动机	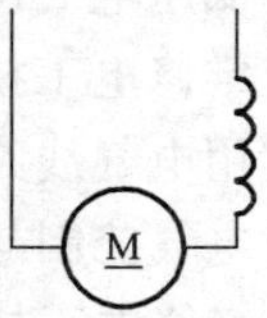	M
	压力继电器常开触头	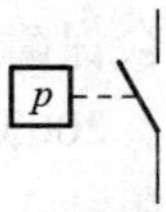	KP	熔断器	熔断器		FU
发电机	发电机	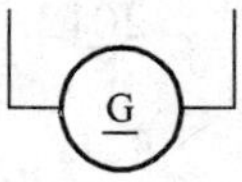	G	变压器	单相变压器	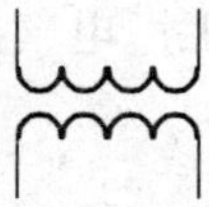	TC
	直流测速发电机	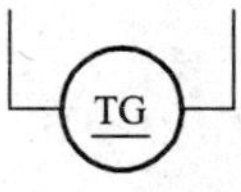	TG		三相变压器	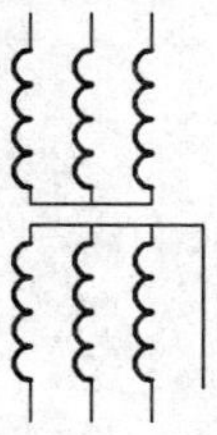	TM
灯	信号灯（指示灯）		HL	互感器	电压互感器	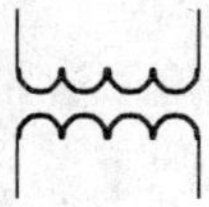	TV
	照明灯		EL		电流互感器		TA
接插器	插头和插座	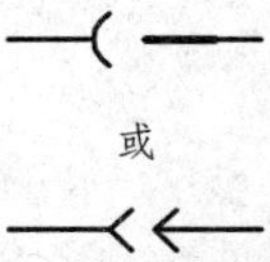	X 插头 XP 插座 XS		电抗器		L

参考文献

[1] 沈柏民. 工厂电气控制设备[M]. 北京：高等教育出版社，2014.
[2] 李敬梅. 电力拖动控制线路与技能训练（电工类）[M]. 4版. 北京：中国劳动社会保障出版社，2011.
[3] 赵承荻，王玺珍. 电机与电气控制技术[M]. 北京：高等教育出版社，2017.
[4] 赵承荻，张琳. 电气控制线路安装与维修[M]. 北京：高等教育出版社，2017.
[5] 杜德昌. 电机与拖动——项目式教学[M]. 北京：高等教育出版社，2012.
[6] 宋天齐，贺志盈. 低压电器技术与应用[M]. 北京：高等教育出版社，2015.
[7] 宋健雄. 低压电气设备运行与维修[M]. 北京：高等教育出版社，2007.
[8] 刘玉章. 维修电工技能鉴定考核题库[M]. 北京：高等教育出版社，2006.
[9] 程周. 实用电气线路[M]. 北京：高等教育出版社，2005.
[10] 李乃夫. 电气控制与可编程控制器应用技术[M]. 北京：高等教育出版社，2003.
[11] 孙达夫. 维修电工技术[M]. 北京：高等教育出版社，2007.
[12] 王建. 电气控制线路安装与维修[M]. 北京：中国劳动社会保障出版社，2006.
[13] 蒋科华. 维修电工[M]. 北京：中国劳动社会保障出版社，2003.
[14] 杜德昌. 电工基本操作技能训练[M]. 北京：高等教育出版社，2008.
[15] 沈柏民. 工厂电气控制技术[M]. 北京：高等教育出版社，2012.